守护雪山之王

中国雪豹调查与保护现状

Safeguard the Mountain Spirit:
Conservation Status of the Snow Leopard in China

主　编 ◎ 肖凌云

副主编 ◎ 邸　皓　程　琛　梁旭昶

国家出版基金项目

北京大学出版社
PEKING UNIVERSITY PRESS

图书在版编目（CIP）数据

守护雪山之王：中国雪豹调查与保护现状 / 肖凌云主编 . — 北京：
北京大学出版社，2019.11
（三江源生物多样性保护系列）
ISBN 978-7-301-30938-4

Ⅰ.①守… Ⅱ.①肖… Ⅲ.①豹—动物保护—调查报告—中国 Ⅳ.①Q959.838

中国版本图书馆CIP数据核字（2019）第253747号

书　　　名	守护雪山之王：中国雪豹调查与保护现状
	SHOUHU XUESHAN ZHI WANG：ZHONGGUO XUEBAO DIAOCHA YU BAOHU XIANZHUANG
著作责任者	肖凌云　主编
责 任 编 辑	黄　炜
标 准 书 号	ISBN 978-7-301-30938-4
审 图 号	GS（2019）5551号
出 版 发 行	北京大学出版社
地　　　址	北京市海淀区成府路205号　100871
网　　　址	http://www.pup.cn　　新浪微博：@北京大学出版社
电 子 信 箱	zpup@pup.cn
电　　　话	邮购部 010-62752015　发行部 010-62750672　编辑部 010-62764976
印 刷 者	天津图文方嘉印刷有限公司
经 销 者	新华书店
	720毫米×1020毫米　16开本　19.5印张　270千字
	2019年11月第1版　2019年11月第1次印刷
定　　　价	115.00元

目 录

序 / 1

第一章 雪豹：隐秘的雪山之王 / 9

◎ 分类和形态 / 11

◎ 野生猎物 / 13

◎ 生活史 / 15

◎ 分布和数量 / 21

◎ 雪豹面临的威胁 / 25

◎ 全球雪豹保护 / 26

◎ 参考文献 / 29

第二章 中国雪豹：走向关注 / 35

◎ 中国：雪豹的中央之国？ / 36

◎ 中国雪豹调查与研究（1980—2008） / 39

◎ 中国雪豹保护：法规和政策背景 / 48

◎ 中国雪豹保护：全国性保护规划和多元化保护力量 / 52

◎ 参考文献 / 61

第三章　中国雪豹生存和调查现状　/ 69

◎ 中国雪豹分布：基于调查、监测和模拟估测　/ 71

◎ 中国雪豹数量　/ 77

◎ 保护地　/ 96

◎ 调查空缺和前景　/ 98

◎ 参考文献　/ 99

第四章　中国雪豹所受威胁评估　/ 105

◎ 威胁因素　/ 110

◎ 威胁评分及讨论　/ 129

◎ 参考文献　/ 131

第五章　中国雪豹保护行动及空缺分析　/ 139

◎ 雪豹保护的愿景和原则　/ 144

◎ 保护行动　/ 145

◎ 保护地建设　/ 145

◎ 基于社区的保护行动　/ 152

◎ 政策与认知相关行动　/ 167

◎ 保护空缺和不足　/ 171

◎ 参考文献　/ 174

第六章　各雪豹分布省（区）的具体情况　/ 177

◎ 西藏自治区　/ 178

◎ 新疆维吾尔自治区　/ 188

◎ 青海省 / 201

◎ 四川省 / 214

◎ 甘肃省 / 224

◎ 内蒙古自治区 / 232

◎ 云南省 / 232

◎ 参考文献 / 233

第七章　通往雪豹大国之路 / 239

◎ 中国雪豹调查和保护现状 / 240

◎ 工作建议（2019—2023） / 244

◎ 结语 / 253

◎ 参考文献 / 253

附录 / 255

附录一　社区调查方法 / 256

附录二　遗传学工具和生物样品的采集、保存与运输 / 272

附录三　雪豹猎物调查方法 / 290

附录四　国际雪豹保护深圳共识 /300

致谢 / 303

序

2009 年 5 月，在青海省玉树藏族自治州囊谦县海拔 4200m 的高山岩石上，一只成年雪豹突然出现在距我 10m 远处。这是我第一次见到野生雪豹，当时是我们开展三江源雪豹调查的第一个月。

有人把雪豹称为"雪山之王"。因为它们主要的生活环境是高寒山地，自然分布区域以青藏高原为中心，延伸到周围的横断山、喜马拉雅山、兴都库什山、昆仑山、喀喇昆仑山、天山、阿尔泰山等，大约 3 000 000km² 的分布范围包括了中国、印度、巴基斯坦、尼泊尔、不丹、阿富汗、哈萨克斯坦、吉尔吉斯斯坦、塔吉克斯坦、乌兹别克斯坦、俄罗斯和蒙古国等 12 个国家。其中中国是最主要的分布国，有研究认为中国的雪豹栖息地占全部栖息地面积的 60% 以上。

雪豹是顶级捕食动物，人们往往会给这样的动物冠上"王者"的称号。一方面，它们在生态系统中扮演着关键的角色，控制、影响着作为猎物的岩羊、北山羊等食草动物种群，进而影响植物植被情况；也和同域分布的棕熊、狼等其他食肉动物有着复杂的物种间关系。另一方面，它们也依赖于健康的生态系统，它们需要足够的野生猎物种群，需要好的草场、水源，作为大型食肉动物还需要连续的栖息地等。我们关注雪豹，既是关注这个物种，也能够通过评估雪豹生活得好不好，来分析整个区域的生态环境状况。而生态环境状况不仅影响着雪豹这些野生动物，也影响着当地的居民。我们开展工作的三江源区域就生活着近百万人。从更大的尺度来看，雪豹生活区域通过生态系统服务功能影响着更广阔的区域和更多的人，例如发源于这一区域的河流滋养了亚洲数以亿计的人口。

但是去了解雪豹并不是一件容易的事情。在全球范围内，雪豹受到科学关注也比较晚，直到 20 世纪 70 年代初才开始有针对雪豹的正式研究。这和雪豹的生存环境不无关系（图 0-1），它们的栖息地大多在广阔而少有人居的地区，陡峭崎岖的山地地形也给调查研究带来了极大的困难。时至今日，我所在的北京大学和山水自然保护中心的团队，在三江源地区进行的雪豹相关研究工作已经进入第十个年头，也只能说对这里雪豹的生存情况有一个初步的了解。在中国大约于 20 世纪 80 年代初开始有针对雪豹的研究，大部分工作是在 2000 年之后才开始的；截至目前还没有全国尺度上系统的雪豹调查，但在几个雪豹主要分布的省（自治区），如西藏、新疆、青海、甘肃和四川，都已经有机构和人员在开展调查和研究。2015 年这些进行雪豹调查和保护的机构共同组成了中国雪豹保护网络，成员包括科研机构、民间组织及保护区等，希望形成合力共同推动中国雪豹的调查和保护。2018 年以中国雪豹保护网络的年轻一线研究人员为主体，编写了《中国雪豹调查与保护报告 2018》，经过对这本报告的完善与丰富，才产生了本书《守护雪山之王：中国雪豹调查与保护现状》。

我们当然并不仅仅满足了解雪豹的生存状况，而是希望能保证雪豹种群和它们栖息的整个生态系统维持在一个健康的状态。这就需要识别雪豹所受的威胁，并开展针对性的保护行动。本书也对雪豹面临的威胁和保护行动进行了较为系统的介绍。

与许多大型食肉动物相比，雪豹受到人类活动的影响相对较小（图 0-2），但也面临着这样那样的威胁。针对雪豹的猎杀是最直接的威胁，这其中既有贸

图 0-1　雪豹是亚洲高寒山地生态系统的王者

摄影：彭建生／影像生物调查所（IBE）、北京大学自然保护与社会发展研究中心、山水自然保护中心、阿拉善 SEE 基金会、青海省三江源国家级自然保护区管理局联合项目支持拍摄

易驱动的盗猎，也有因雪豹捕食家畜造成的报复性猎杀；2000 年前后，国家加强枪支管理，此后死于捕猎的野生动物大为减少，但这一威胁远没有消除。其他的一些威胁则作用于雪豹生活的栖息地，例如在我们工作的三江源，一个关键的问题是，草原持续的退化降低了对食草动物的供养能力，进而波及食肉动物。草原退化的原因可能是复杂的：自 20 世纪 80 年代以来三江源的人口翻

番增加了畜牧压力，在局部已经出现了岩羊和家畜的竞争，气候变暖导致的冰川和永冻层融化又给草原雪上加霜，因此草原的保护成为三江源生态系统保护的根本。三江源的问题在整个雪豹分布区域也具有一定的代表性。

针对这些威胁和问题，保护工作者在各地也开展了多种保护行动，如长期监测和反盗猎巡护。保护雪豹需要全社会的参与和科学与政策的综合支持。除了保护体系，让当地居民直接参与雪豹的保护行动并从中获得直接的收益，是把雪豹保护落在实处的一个关键举措，这也是三江源国家公园设立农牧民生态公益岗位的初衷，而这一举措是建立在政府和保护区与科学家以及诸多

图 0-2　与许多大型食肉动物相比，雪豹受到人类活动的影响相对较小。图为红外相机拍摄到的雪豹

供图：山水自然保护中心、北京大学自然保护与社会发展研究中心

民间保护组织长期合作开展社区保护的经验和基础之上的。

《守护雪山之王：中国雪豹调查与保护现状》全书正文部分分为七章。第一章汇总整理了关于雪豹的科学信息，包括分类和形态、猎物和生活史等，简单介绍了它们生存所面临的威胁和国际层面对雪豹保护做出的努力，并以专题形式介绍了国际雪豹科学研究的历史。第二章分析了中国对于雪豹的重要意义，主要介绍了中国雪豹研究和保护的背景，并以专题形式回顾了中国雪豹的研究文献。第三章汇总了关于中国雪豹自然状况的已知信息，主要包括分布、数量和保护地覆盖度等，并以专题形式介绍了当前雪豹调查中主要使用的方法。第四章和第五章是紧密关联的两部分，第四章对中国雪豹生存的种种威胁因素进行了梳理和讨论，而第五章相对应地介绍了中国的雪豹保护工作。第六章对各个有雪豹分布的省（自治区）的具体情况展开了详细的介绍。最终在第七章，对现阶段中国雪豹调查与保护工作进行了简单的总结，并以此为基础对下一步的雪豹调查和保护工作提供了建议。除正文部分外，本书还在附录中对雪豹及其猎物的调查方法进行了详细介绍。

雪豹的栖息地范围广大（图0-3），相关调查、研究和保护工作涉及的方面众多，在本书中所呈现的内容很难说足以全面地展示中国雪豹的相关信息；但本书是工作在雪豹调查和保护第一线的年轻科学家们集体努力的成果，他们以标准化、参与式的方法对各地雪豹调查与保护情况进行了汇总评估，为接下来的工作奠定了坚实的基础。

一个物种的保护，政府的作用是基础，社会的参与不可或缺。值得一提的是，本书总结的工作，是由社会各界共同努力的结果。雪豹的调查和保护是一个长期的任务，各方的精诚合作让我们看到了希望。因此我想借此机会，对长期支持和参与雪豹的研究和保护，并为本书做出贡献的机构表示感谢。它们是：北京大学生命科学学院、山水自然保护中心、中国科学院西北高原生物研究所（三江源国家公园研究院）、中国林业科学研究院森林生态环境与保护研究所、

图 0-3　雪豹的栖息地范围广大，图为雪豹典型的生境，摄于三江源区域昂赛乡。

摄影：董磊／影像生物调查所（IBE）、北京大学自然保护与社会发展研究中心、山水自然保护中心、阿拉善 SEE 基金会、青海省三江源国家级自然保护区管理局联合项目支持拍摄

北京林业大学野生动物研究所、治多县索加乡通天雪豹团、荒野新疆、野生生物保护学会（WCS）、世界自然基金会（WWF）、青海省原上草自然保护中心、四川省绿色江河环境保护促进会（绿色江河）、猫盟 CFCA，卧龙国家级自然保护区、贡嘎山国家级自然保护区、陆桥生态中心、三江源国家公园，此外，还要感谢国家林业和草原局，以及雪豹分布省（区）的各级政府和主管部门。

吕植

2019 年 5 月

第一章

雪豹：隐秘的雪山之王

　　雪豹（*Panthera uncia*）（图 1-1）是亚洲高山的王者。它们起源于青藏高原腹地，演化出了适应高寒环境的特征，并在数百万年间占据青藏高原以及中亚山地的各大山脉。在林线以上、雪线以下的高山裸岩和灌丛带，它们雄踞在生态系统食物链的顶端，就如同它们的近亲——草原上的狮子和森林中的老虎一样，"统治"着自己脚下的土地。通过捕食作用，雪豹控制着它们活动范围内的食草动物数量，进而影响植物植被；与此同时，也对与其同域分布的棕熊、猞猁、狼、藏狐等食肉动物产生了复杂而深远的影响。雪豹的生存也同样依赖于这一独特而脆弱的生态系统，只有健康的生境、足够的猎物数量才能支持它们继续繁衍生息。雪豹的生存状态，反映了亚洲高寒山地生态系统的健康状况。

　　野生雪豹行踪隐秘，犹如幽灵般游走在崎岖的山峦间，似乎有意地回避着人类的窥探。人类对雪豹的认识，不啻一场艰苦卓绝的漫长战斗：肇始于 20 世纪 70 年代初的科学研究，仅仅掀开了雪豹面纱的一部分。几乎没有任何一种知名的陆生大型动物，会像雪豹这样有如此多的信息不为人所知。

　　本章中我们将汇总整理关于雪豹的科学信息，简单介绍它们生存所面临的威胁和国际层面对雪豹保护做出的努力，并以专题形式介绍雪豹科学研究的历史。

图 1-1　红外相机拍摄到的雪豹

供图：山水自然保护中心、北京大学自然保护与社会发展研究中心

◎ 分类和形态

最新的系统发育学研究结果显示，雪豹与狮（*Panthera leo*）、虎（*Panthera tigris*）、豹（*Panthera pardus*）及美洲豹（*Panthera onca*）同属于猫科（Felidae）豹亚科（Pantherinae）豹属（*Panthera*），而与虎的亲缘关系最近。

之前雪豹曾一度被单列为雪豹属（*Uncia*），主要是基于一些形态学的依据，比如雪豹的声带缺少弹性纤维组织厚壁，通常不能像狮、虎等大型猫科动物那样"吼叫"（Pocock，1916a；Hemmer，1972；Peters，1980；Sunquist et al.，2002）。

在所有豹属动物中，雪豹的体型最小。成年雄性重 37 ~ 55kg，雌性重 35 ~ 42kg，肩高约 60cm，头体长 1 ~ 1.3m，尾长 0.8 ~ 1m（Hemmer，1972；Johansson et al.，2013）。尾巴几乎与身体等长，有助于保持平衡，还可以围绕在身体周围取暖（图 1-2）（Hemmer，1972；Rieger，1984）。

雪豹是陡峭山地间天赋异禀的猎手。肌肉和骨骼的独特构造，以及几乎与身体等长的尾巴，使得雪豹能在陡峭地形中进行加速、转身、跳跃的过程中保持平衡，即便从高空跳落也毫发无损（Gonyea，1976；Rieger，1984；Ognev，1962）。上下颌骨可以张开到 70° 以上，能有效咬住岩羊（bharal/blue sheep，

图 1-2　经过百万年进化，雪豹完美适应了亚洲中部的高寒山地环境；红外相机拍摄于青海省三江源地区

供图：山水自然保护中心、北京大学自然保护与社会发展研究中心

Pseudois nayaur）、北山羊（Siberian ibex，*Capra sibirica*）等山地有蹄类动物粗壮的脖颈（Christiansen et al.，2005）。圆形（而非扁平）犬齿可以从各个方向发力（Christiansen，2007），便于在陡峭的悬崖上捕食猎物。

经过漫长的进化，雪豹演化出一系列适应亚洲中部高寒山地环境的特征。在所有大型猫科动物中，雪豹的毛发是最厚、最长的，冬季腹毛长达12cm（Hemmer，1972），可以有效保暖。皮毛呈烟灰色或奶黄色，装饰着较为稀疏的豹纹，与岩石上的地衣极其相似，雪豹因此能轻易地融入周围的裸岩环境。头骨又宽又短且顶部隆起，鼻腔扩大，有助于加热、湿润高原干燥寒冷的空气，同时加大每次呼吸的吸氧量（Haltenorth，1937；Pocock，1916b；Torregrosa et al.，2010）。而且，雪豹血液中的红细胞体积小、数量多，能有效提高它们在高海拔地区吸收氧气的能力。

◎ 野生猎物

雪豹在其辽阔的分布区中，锁定了不同类型的猎物。雪豹的食谱种类繁多，其中北山羊和岩羊是雪豹最主要的野生猎物（图1-3）。两者分布范围基本互补，只在极小范围内重叠（图1-4）。捻角山羊（markhor，*Capra falconeri*）和喜马拉雅塔尔羊（Himalayan tahr，*Hemitragus jemlahicus*）都是山羊的近亲。虽然分布范围小，但在局部区域对雪豹来说也是很重要的食物来源。在巴基斯坦的奇特哈尔和吉尔吉特地区，捻角山羊是雪豹的重要猎物（Roberts et al.，1977；Schaller，1977）。而在尼泊尔珠穆朗玛国家公园内，喜马拉雅塔尔羊是雪豹最主要的猎物（Ferretti et al.，2014；Lovari et al.，2009）。

另外，雪豹分布范围内还有两种绵羊的亲戚——盘羊（argali，*Ovis ammon*）和东方盘羊（urial，*Ovis orientalis*）。这两种野羊有着雄壮的大角和

图 1-3 岩羊（上）和北山羊（下）是雪豹最主要的两种野生猎物

供图：山水自然保护中心、北京大学自然保护与社会发展研究中心（上）；荒野新疆（下）

修长的四肢，善于奔跑而非攀爬，更喜欢平缓起伏的山坡和开阔的地形。这种特性使得它们和雪豹栖息地重叠程度不大。即便如此，在雪豹的食谱中仍然有盘羊的存在，虽然比例较低。

除了各种野羊，马鹿、白唇鹿、马麝、西伯利亚狍、藏野驴、野猪、斑羚、羚牛、鬣羚、鹅喉羚、野骆驼等野生有蹄类动物也会出现在雪豹的食谱上，同时也会出现旱獭、野兔、鼠兔、田鼠等小型哺乳动物，以及鸟类，甚至其他食肉动物。

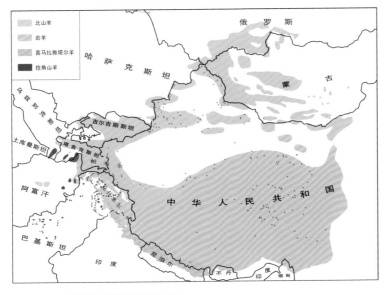

图 1-4　四种雪豹主要猎物的分布图

◎ 生活史

　　雪豹的生活史带有豹亚科动物的鲜明特征。成年雪豹一般保持独居（图1-5），但2～5只的雪豹群体也会在交配季节或母豹带崽时出现（Fox et al.，1988；Jackson et al.，1988；McCarthy et al.，2005；Schaller，1977）。交配通常发生在一月到三月中旬，这段时间雪豹更频繁地标记领地（如刨坑、排便、泌尿及喷射肛门腺液等）和发出声音（Jackson et al.，1988）。经过93～110天的怀孕期，幼崽在六七月降生，一胎1～5只幼崽，通常是2～3只。每胎产仔数的最高纪录是7只。幼豹在2～3岁时达到性成熟（Sunquist et al.，2002）。19～22个月龄期间，雪豹离开母亲开始扩散，它们可能短暂地待在一起（Jackson，1996）。圈养雪豹能活到21岁（Wharton et al.，1988），野外记录的最老个体只有11岁（McCarthy et al.，2005）。

图 1-5　成年雪豹一般保持独居，但母豹繁殖后通常会带 2 ~ 3 只幼豹

供图：山水自然保护中心、北京大学自然保护与社会发展研究中心

　　早期的研究人员通过少量的无线电项圈追踪雪豹，误以为雪豹领域性不强（Jackson et al.，1988；McCarthy et al.，2005）。对蒙古国 16 只雪豹的卫星定位项圈追踪发现，同性雪豹之间有着强烈的领域性，雄性雪豹家域大于雌性。异性之间的家域重叠较大，家域重叠的异性则是潜在的交配对象（Johansson et al.，2016）。早期的无线电项圈研究发现，雪豹的家域大小差异甚大，从尼泊尔的 12 ~ 39km^2（Jackson et al.，1989），到蒙古国的 4500km^2（McCarthy et al.，2005）不等。在蒙古国进行的最新的卫星定位项圈研究发现，雄性雪豹的平均家域为 207km^2，雌性则为 124km^2（Johansson et al.，2016，2018）。

专题 1　对雪豹的科学调查与研究

科学研究不断增进着人们对雪豹的了解，也为雪豹保护构建了坚实的认知基础。

在 20 世纪 70 年代之前的很长时间内，人们对雪豹的科学了解主要来自动物园圈养的个体。这些雪豹中的绝大部分由野外捕获，基于对它们的观察（以及对尸体的解剖），科学家们获得了关于雪豹形态、生理等方面的相关信息。

乔治·夏勒博士（George Schaller）于 1969—1970 年在巴基斯坦北部 Chitral Gol 的险峻的群山中进行野外调查，研究喜马拉雅山区的野生山羊和绵羊，他幸运地观察了一只雌性雪豹和它的幼仔一周。人们一般将此项研究视为野外雪豹研究的开端。虽然印度中学教师 Hari Dang 早于 1967 年就在印度国内的期刊上发表过关于雪豹及其猎物的论文（Lewis et al.，2016），但不容否认的是，真正推进雪豹野外研究的，是以夏勒博士为代表的一批西方科学家。

在巴基斯坦之外，Rodney Jackson、Thomas McCarthy、Joseph Fox 等科学家和保护工作者在蒙古国、苏联、印度和尼泊尔等地也相继开始了对雪豹的野外研究（Hunter et al.，2016）。1983 年，夏勒博士和他的同事在中国西部的新疆、青海和甘肃开展了雪豹调查（Schaller et al.，1988a，1988b）；而在那之前，廖炎发在 1973—1981 年间在青海省各地寻觅雪豹的踪迹，应该是中国第一项针对雪豹的调查工作（廖炎发，1985）。

研究人员利用各种方式在雪豹栖息地收集关于它们的信息，由于雪豹生性隐秘，即使最敏锐的观察者，在野外勘察中往往也很难见到它们，研究人员在野外更多地是记录它们留下的痕迹，或是观察它们的猎物。访谈雪豹分布区的当地居民也是主要的调查方法之一，对雪豹捕食家畜的事件进行记录等方式也是了解雪豹行为和生态的重要方式。这些工作构筑了人们对雪豹行为和生态最基本的认知：它们在哪些地区出现，分布范围如何，它们的活动有何规律……时至今日，这类研究方法仍在帮助研究人员确认雪豹的分布。

然而由于早期不同研究项目所采用的方法各有不同，人们难以将不同的研究结果进行比对，也不能将各地进行的研究系统地归纳来描述雪豹在整个分布区域的情况。1994 年，在中国西宁召开的第七届国际雪豹座谈会（International Snow Leopard Symposium）上，雪豹信息管理系统（Snow Leopard Information Management System，SLIMS）应运而生。该系统一方面尝试建立以痕迹调查为主的标准雪豹调查方法，另一方面也提供专门软件用于数据的分析和分享。

研究人员也不断尝试利用其他技术手段来助力雪豹研究。无线电项圈是最早被雪豹研究人员纳入工具箱的技术之一，它可以帮助研究人员追踪动物的位置，从而获得关于它们对栖息地的选择偏好、个体的家域大小、家域的重叠及相关的社会行为等信息。夏勒博士于 1974 年在巴基斯坦尝试捕捉雪豹佩戴项圈，但一个半月的尝试以失败告终。1982 年 Rodney Jackson 在尼泊尔第一次成功地捕获了雪豹并为其佩戴无线电项圈。Jackson 的项目持续了近 4 年，共给 5 只雪豹佩戴了项圈。最早被使用的 VHF（Very High Frequency，极高频）无线电信号项圈会发射出高频无线电信号，而研究人员需要手持接收器，从信号发射点不同方向的多个地点接收到信号，才能确认动物位置。雪豹所偏好的崎岖山地不仅给研究人员变换信号接收地点造成困难，还时常会屏蔽信号；研究人员经常在山间奔波而找不到信号，也无从判断是由于技术因素还是雪豹离开了探测区域，使得此类研究具有极大的不确定性。即便如此，仍有研究人员不断尝试。Tom McCarthy 自 1993 年起在蒙古国的戈壁荒漠中开展了四年的工作，这是继 Jackson 之后的又一个长期研究。

技术的进步给了研究人员极大的帮助，从 2006 年开始，定位更精准且能够实时传输数据的 GPS 项圈开始在雪豹研究中被应用。2008 年，美国大猫基金会（Panthera）和国际雪豹基金会（International Snow Leopard Trust，SLT）

在蒙古国利用卫星项圈开展联合研究。2016 年，对蒙古国 16 只雪豹的项圈追踪使人们进一步了解了同性及异性雪豹领域之间的关系（详见生活史部分）。

进入 21 世纪后，基因技术也开始被应用于雪豹研究。这类技术不仅能帮助研究人员更好地进行物种鉴别——有研究显示，即使是经验丰富的研究人员，凭借粪便外观进行物种鉴别也有很高的错误率，而利用 DNA 鉴别则可以修正这一问题——还可以帮助研究人员了解雪豹的食物和遗传多样性。正是基于基因多样性的研究，Janečka 等（2017）提出雪豹可划分为三个亚种。虽然该提议有较大争议，但从中也能看出基因技术对雪豹研究的重要性。

红外相机是另一项给雪豹野外研究带来巨大进步的技术设备。红外相机安装完成后，就可以自动拍摄从其前方经过的野生动物（图 1-6 ～ 图 1-8）。既免除了研究人员奔波之苦，也解决了野生动物躲避人类的问题。自从 2000

图 1-6　红外相机拍摄是目前雪豹研究最重要的方法之一，照片中的雪豹发现了研究人员设置的一个红外相机

供图：荒野新疆

图1-7　红外相机拍摄于青海省三江源同一地点，研究显
示，雪豹与同域的食肉动物有着复杂的种间关系
a. 雪豹；b. 豹；c. 欧亚猞猁；d. 棕熊；e. 赤狐

供图：山水自然保护中心、北京大学自然保护与社会发展研究中心

图 1-8 保护区管护
人员架设红外相机

摄影：卞晓星；供图：野
生生物保护学会（WCS）

年初 Jackson 等率先采用这一技术，红外相机几乎成为如今雪豹研究的标准配置，特别是数码存储设备替代了传统的胶片相机，大大提高了存储能力，电池技术的进步也提升了相机的工作时间和抵抗恶劣自然条件的能力。

对于红外相机和基因技术在雪豹研究中的具体应用方法，我们在第三章中会有展开介绍，这里不再赘述。

◎ 分布和数量

"它们分布在哪里？""目前有多少存活？"这些都是物种保护的基本问题。然而对雪豹研究来说，寻找答案挑战巨大，且过程漫长。

经过多年的调查研究，我们逐步确认了雪豹的分布范围。雪豹起源于青藏高原腹地，在数百万年间扩散至整个青藏高原及周边的山地。如今，雪豹的家园是以青藏高原为中心的亚洲中部山地。南至喜马拉雅山南麓，北达南西伯利

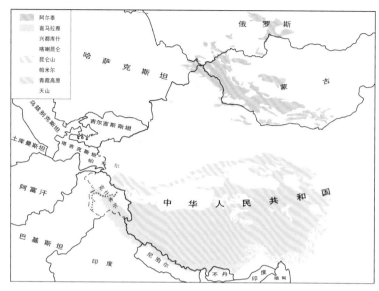

图 1-9　全球雪豹潜在分布范围

亚，都有雪豹的踪迹。全球约有 2 000 000km² 的雪豹潜在栖息地。它们出现于亚洲中部的每一条高大山脉，诸如阿尔泰山脉、萨彦岭山脉、天山山脉、昆仑山脉、帕米尔高原、兴都库什山脉、喀喇昆仑山脉、喜马拉雅山脉；在蒙古国戈壁地区许多很小的丛山中，也有雪豹的身影。这些山脉大都互相连接，很多在某处彼此汇聚（图 1-9）。

　　在行政区划上，雪豹在 12 个国家均有分布：阿富汗、不丹、中国、印度、哈萨克斯坦、吉尔吉斯斯坦、蒙古国、尼泊尔、巴基斯坦、俄罗斯、塔吉克斯坦和乌兹别克斯坦。缅甸北部可能也有一小块潜在分布区域，但是近期没有雪豹出没的记录（Cho et al., 2013）。对雪豹潜在栖息地的空间分析表明，大约 60% 的雪豹栖息地在中国。

　　大多数雪豹栖息地或多或少是连续的。除了大河、畜牧围栏、铁路和主要高速公路，鲜有能限制雪豹扩散的障碍。Riordan 等（2016）认为，雪豹

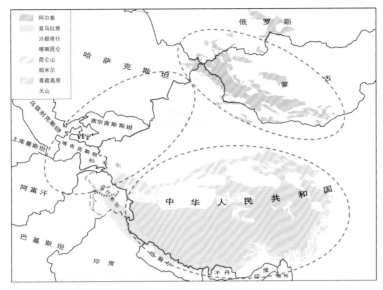

图 1-10　全球雪豹三大管理单元［根据 Janečka et al.（2017）绘制］

可以分为南、北两个区域性种群，并指出了潜在的重要连接区域。Janečka 等
（2017）则认为，在分布区内，雪豹被准噶尔盆地、塔里木盆地和跨喜马拉雅
（Trans-Himalaya）地区的高山阻隔，大致可以分为三个管理单元：① 北方单元：
俄罗斯、蒙古国戈壁到阿尔泰山区；② 中部单元：青藏高原与喜马拉雅核心分
布区（尼泊尔、不丹）；③ 西方单元：天山山脉（吉尔吉斯斯坦、乌兹别克斯
坦、哈萨克斯坦及我国新疆地区）、帕米尔高原（塔吉克斯坦、阿富汗）、跨喜
马拉雅地区（印度、巴基斯坦），参见图 1-10。

　　雪豹主要生活在林线以上、雪线以下的高山带和亚高山带。在几乎所
有区域内，雪豹都偏好布满峭壁和裸岩的崎岖山地，日常活动对陡峭、断
裂的地貌有特殊的偏爱，比如山脊线、断崖和峡谷。它们一般出现在海拔
3000 ~ 4500m 范围内，但是在分布区北部和戈壁沙漠中则出现在较低海拔处
（900 ~ 1500m），在喜马拉雅和青藏高原区域分布海拔上限达 5800m。雪豹可

能在冬季迁移到较低的纬度，以避开较厚的积雪，以及跟随主要猎物的移动。在俄罗斯萨彦岭山区和中国天山部分地区，雪豹可能出现在开阔的针叶林或者桦木林中。

估计雪豹种群数量，几乎是无法完成的任务。雪豹的活动区域地处偏远，难以进入；种群密度普遍较低，分布极为分散，可探测率低；雪豹的行踪隐秘更是众所周知。在 20 世纪 70—90 年代，科学家主要调查雪豹的痕迹密度，间接估计雪豹的数量。红外相机技术发展成熟并大量应用之后，才逐渐对局部区域的雪豹种群密度有准确的估计。

目前，对全球雪豹种群数量仍然缺乏准确估计，已有的数字均出于非常粗略的推测。2003 年，第一份《雪豹生存策略》（*Snow Leopard Survival Strategy*）中估计全球有 4080 ~ 6500 只（McCarthy et al.，2003）。2010 年，Jackson 等人估计有 4500 ~ 7500 只（Jackson et al.，2010）。2013 年，全球雪豹及生态系统保护项目（Global Snow Leopard and Ecosystem Protection Program，GSLEP）的秘书处汇总各分布国的统计，估计有 3920 ~ 6390 只（Snow Leopard Working Secretariat，2013）。2016 年，McCarthy 和 Mallon 主持的最新评估认为，全球雪豹数量有 7367 ~ 7884 只（McCarthy et al.，2016）。

基于 McCarthy 和 Mallon 的评估，世界自然保护联盟（IUCN）在 2017 年决定把雪豹的受威胁等级从"濒危"（EN）调整为"易危"（VU）（McCarthy et al.，2017）。该决定引发了激烈的争论。2018 年，Mishra 和 Ale 在 *Science* 上发文反对世界自然保护联盟的决定，认为世界自然保护联盟所依据的雪豹种群数量是基于在 2% 最好的雪豹栖息地中的调查而来，不能代表全球雪豹种群的实际状况（Ale et al.，2018）。现有调查工作大多覆盖面积不够大，有的甚至小于一只雪豹的家域；有的研究没有说明调查面积，难以估计密度。最近巴基斯坦的研究表明，有些地区的雪豹数量可能低于先前的估计（Nawaz et al.，2015），并可能进一步下降。

除少部分区域外，由于缺乏持续多年的调查研究，我们目前不能准确描述雪豹种群的变化趋势，这个信息空缺亟待填补。而在那些有研究信息的区域，雪豹种群变化呈现的状态也有所不同，有的呈增加的趋势，有的维持稳定，但在一些地区可能正在减少。据估计，20世纪90年代苏联解体后，中亚国家的雪豹种群下降了40%～75%；但没有证据表明，这个趋势持续到了90年代末期（McCarthy et al.，2017）。通过应用更可靠的方法（Shrestha et al.，2013；Thinley et al.，2014；Alexander et al.，2015）和调查更大的区域，研究人员正在努力解决雪豹种群数量和变化趋势的问题。

对于雪豹在中国的具体分布和数量的调查，我们将在本书的第三章和第六章中进行详细介绍。

◎ 雪豹面临的威胁

雪豹受到的威胁一方面来自针对它们的猎杀。这些猎杀活动一些是牧民对于雪豹等食肉动物捕食家畜的报复，更多的则是为了获取雪豹的皮毛或骨。在中亚一些地区，传统上用雪豹皮毛制作帽子、大衣或装饰墙壁；雪豹和豹的骨头一起，被用作虎骨的替代品。虽然这些传统用途如今都已被法律严格禁止，然而盗猎和非法贸易的阴影一直徘徊不去。报复性猎杀经常与盗猎交织在一起，构成对雪豹的潜在威胁，尤其是在人与雪豹冲突激烈的区域。

另一方面，气候变化对雪豹的保护也是一个挑战。雪豹生活的高山和亚高山带，位于雪线和林线之间。过去几十年中，雪豹分布区的变暖速度高出北半球平均变暖速度的两倍；通过模型测算，这种趋势在21世纪还将继续或加快。随着气温的不断上升，高山和亚高山带将向山顶移动，这将使雪豹栖息地的丧失和破碎化的趋势愈发严重。其中，青藏高原东部和南部边缘可能是受影响最严重的地区，包括中国的横断山和喜马拉雅山东段。此外，气候变化带来的疾病、生物相互作用以及人类活动的变化也给雪豹和相关物种带来其他潜在威胁。

在本书的第四章，我们将系统地梳理并介绍雪豹面临的主要威胁，邀请相关专家评估这些威胁可能造成的影响，并按照影响程度依次进行威胁排序。各雪豹分布省的具体情况有所不同，我们将在本书第六章的相应部分进行介绍。

◎ 全球雪豹保护

夏勒博士等科学家不仅通过野外调查奠定了科学界对野生雪豹在行为、生态等方面的认知，也将这种隐秘的动物带入公众的关注之下。夏勒博士于1971年在《国家地理》上刊载了介绍野生雪豹的文章并附上了照片，他在文中强调了雪豹的隐秘和稀少。1976年夏勒博士前往尼泊尔西北的水晶寺调查，邀请了著名作家 Peter Matthiessen 同行，后者基于此次旅行的见闻写成了《雪豹》（The Snow Leopard）一书，该书一经出版便广受好评，在收获大量奖项的同时也将雪豹打造成一个明星物种。

早在1972年，雪豹就被世界自然保护联盟列为濒危物种，1975年被列入《濒危野生动植物种国际贸易公约》（CITES）附录 I，对于雪豹及其制品的国际间贸易被严格禁止。

1972年，两只在吉尔吉斯斯坦共和国（当时为苏联的加盟共和国）捕获的雪豹被送到了美国西雅图林地公园动物园（Woodland Park Zoo），在那里它们引起了志愿讲解员 Helen Freeman 的关注。1981年，已成为动物园教育主管的 Freeman 组建了"国际雪豹基金会"（SLT），虽然该机构的最初目的是帮助全球动物园更好地发展圈养雪豹繁育技术，然而它日后成为各种实地雪豹研究人员和保护工作者的交流平台，并筹集资金支持和推动了大量实地的雪豹保护项目。

国际雪豹基金会在1986年和印度联合主办了第五届国际雪豹座谈会，前四届会议的主题都是动物园养殖和繁育问题，从第五届开始，座谈会成为雪豹野外调查和实地保护信息交流的一个重要平台。

经过研究人员和保护工作者的不懈努力，几十年来全球雪豹保护取得了长足进步，但仍存在许多挑战。为加强雪豹保护，分享经验和信息，国际社会召开过多次会议，商讨雪豹保护规划。2002年，58名雪豹专家聚首美国西雅图，商讨雪豹保护，这次雪豹生存峰会的重要成果之一就是2003年发布的《雪豹生存策略》(*Snow Leopard Survival Strategy*)（以下简称SLSS 2003）。SLSS 2003强调拯救雪豹免于灭绝，建议评估雪豹面临的威胁，确定应对威胁的措施，开展科学研究和监测，建立雪豹网络，并推动各分布国制定保护规划。SLSS 2003按国别评估了雪豹种群和威胁的状况。在SLSS 2003的推动下，尼泊尔率先制定了全国保护行动计划。

雪豹网络（Snow Leopard Network）是2002年雪豹峰会的另一项重要成果。全世界的雪豹专家都可以通过加入该网络来共享信息，以此为平台促进个人、非政府组织和政府间的协作来推动对雪豹科学合理的保护。

雪豹网络在2013年更新了《雪豹生存策略》（以下简称SLSS 2013）。SLSS 2013更新了对雪豹生存现状和威胁的评估，并介绍了相应的保护对策，特别是如何应对家畜竞争、非法贸易、气候变化和大规模基建的威胁。此外，SLSS 2013还专门介绍了基于社区的保护方法。相比SLSS 2003，SLSS 2013不再强调雪豹的濒危性，而着重解释雪豹的生态价值，将雪豹与高寒山地生态系统的健康，以及水、空气等生态系统服务功能关联起来。认识上的转变也反映在其他两项全球保护规划中。

2008年，国际雪豹生存策略研讨会（Snow Leopard Range-wide Assessment and Conservation Planning，以下简称SLRAC 2008）在北京召开。

会议的组织者囊括了当时主要的雪豹保护机构：美国大猫基金会、雪豹网络、国际雪豹基金会和野生生物保护学会（WCS）。中国科学院动物研究所是承办方。会议上，全球雪豹专家共同绘制了雪豹的分布图，并划分若干雪豹保护单元，提出一系列保护行动建议。SLRAC 2008 也成为中国雪豹研究和保护的一个重要节点。

2013 年，国际雪豹保护基金会又和吉尔吉斯斯坦总统共同发起全球雪豹及生态系统保护项目（Global Snow Leopard and Ecosystem Protection Program，以下简称 GSLEP 2013）。GSLEP 2013 是一项雄心勃勃的全球规划：它希望将各雪豹分布国的政府汇集到一起，持续推动改变。比如帮助吉尔吉斯斯坦政府将猎场转变为保护区，协助巴基斯坦申请联合国开发计划署数百万美元的资金用于雪豹保护。GSLEP 2013 的目标是 2020 年之前，确保 20 个重要"雪豹景观（Snow Leopard Landscape）"的安全。所谓雪豹景观，GSLEP 2013 提出的标准是：至少包括 100 只育龄雪豹，拥有足够且安全的猎物种群，与其他雪豹景观有功能性连接。保护雪豹景观的策略，是国际雪豹基金会在拉达克斯皮蒂峡谷尝试并总结的经验。迄今，GSLEP 2013 在全球确定了 23 个雪豹景观，共约 500 000km^2，占全球雪豹栖息地面积的 25%（Sanderson et al.，2016）。

2018 年，作为 GSLEP 2013 项目的雪豹分布国政府之一，中国国家林业和草原局在深圳主持举办了雪豹国际峰会。此次会议上，中国政府、科研机构与民间保护组织齐聚一堂，与各国代表一起发布了《国际雪豹保护深圳共识》，表达了中国积极参与雪豹保护的坚定决心。

雪豹的徜徉，是一个生态系统健康的标志。早在 40 年前，夏勒博士就警告道："在未来的无数时代，山峰将依然刺破寂寥的风景。但当最后一只雪豹阔步山间，最后一只捻角山羊孤立崖上，毛发迎风摇曳，生命的火花将已消逝，生机勃发的大山沦落为沉默的石头。"如果我们认可拯救雪豹是人类的道德责任，则必须拿出全部的知识、热情、坚韧和合作精神，激励政府与当地社区解决生态问题。我们也需要信仰功到事成。届时，雪豹将守卫群山，直到永远。

◎ 参考文献

ALE S B, MISHRA C, 2018. The snow leopard's questionable comeback[J]. Science, 359(6380): 1110.

ALEXANDER J S, GOPALASWAMY A M, SHI K, et al, 2015. Face value: towards robust estimates of snow leopard densities[J]. PLoS ONE, 10(8): e0134815.

CHRISTIANSEN P E R, 2007. Canine morphology in the larger Felidae: implications for feeding ecology[J]. Biological journal of the Linnean society, 91(4): 573-592.

CHRISTIANSEN P, ADOLFSSEN J S, 2005. Bite forces, canine strength and skull allometry in carnivores (Mammalia, Carnivora)[J]. Journal of zoology, 266(2): 133-151.

CHO Y S, HU L, HOU H, et al, 2013. The tiger genome and comparative analysis with lion and snow leopard genomes[J]. Nature communications, 4: 2433.

FOX J L, SINHA S P, CHUNDAWAT R S, et al, 1988. A field survey of snow leopard presence and habitat use in northwestern India[C].// FREEMAN H.Proceedings of the Fifth International Snow Leopard Symposium, Srinagar, October 13-15,1986. Seattle：International Snow Leopard Trust, 99-111.

FERRETTI F, LOVARI S, MINDER I, et al, 2014. Recovery of the snow leopard in Sagarmatha (Mt. Everest) National Park: effects on main prey[J]. European journal of wildlife research, 60(3): 559-562.

GONYEA W J, 1976. Adaptive differences in the body proportions of large felids[J]. Cells tissues organs, 96(1): 81-96.

HALTENORTH T, 1937. Die verwandtschaftliche Stellung der Großkatzen zueinander; (Mit 43 Abb. auf d. Taf. IV-XIV)[D]. Berger.

HEMMER H, 1972. *Uncia uncia*[J]. Mammalian species, (20): 1-5.

HUNTER D, MCCARTHY K, MCCARTHY T, 2016. Snow leopard research: a historical perspective[M].// MCCARTHY T, MALLON D. Snow leopards. San Diego:Academic Press, 345-353.

JACKSON R, AHLBORN G, 1988. Observations on the ecology of snow leopard in west Nepal[C].// FREEMAN H. Proceedings of the Fifth International Snow Leopard Symposium, Srinagar,October 13-15,1986. Seattle ：International Snow Leopard Trust, 65-97.

JACKSON R, AHLBORN G, 1989. Snow leopards (*Panthera uncia*) in Nepal: home range and movements[J]. National geographic research, 5(2): 161-175.

JACKSON R M, 1996. Home range, movements and habitat use of snow leopard(*Uncia uncia*) in Nepal[D]. London: University of London.

JACKSON R M, MISHRA C, MCCARTHY T M, et al, 2010. Snow leopards: conflict and conservation[J]. The Biology and conservation of wild felids, 417-430.

JANEČKA J E, ZHANG Y, LI D, et al, 2017. Range-wide snow leopard phylogeography supports three subspecies[J]. Journal of heredity, 108(6): 597-607.

JOHANSSON Ö, MALMSTEN J, MISHRA C, et al, 2013. Reversible immobilization of free-ranging snow leopards (*Panthera uncia*) with a combination of medetomidine and tiletamine-zolazepam[J]. Journal of wildlife diseases, 49(2): 338-346.

JOHANSSON Ö, RAUSET G R, SAMELIUS G, et al. 2016. Land sharing is essential for snow leopard conservation[J]. Biological conservation, 203: 1-7.

JOHANSSON Ö, KOEHLER G, RAUSET G R, et al, 2018. Sex - specific seasonal variation in puma and snow leopard home range utilization[J]. Ecosphere, 9(8): e02371.

LEWIS M, SONGSTER E E, 2016. Studying the snow leopard: reconceptualizing conservation across the China–India border[J]. BJHS themes, 1: 169-198.

LOVARI S, BOESI R, MINDER I, et al, 2009. Restoring a keystone predator may endanger a prey species in a human - altered ecosystem: the return of the snow leopard to Sagarmatha National Park[J]. Animal conservation, 12(6): 559-570.

MCCARTHY T M, CHAPRON G, 2003. Snow leopard survival strategy[M]. Seattle: International Snow Leopard Trust and Snow Leopard Network, 105.

MCCARTHY T M, FULLER T K, MUNKHTSOG B, 2005. Movements and activities of snow leopards in southwestern Mongolia[J]. Biological conservation, 124(4): 527-537.

MCCARTHY T, MALLON D, 2016. Snow leopards[M]. San Diego: Academic Press.

MCCARTHY T, MALLON D, SANDERSON E W, et al. 2016. What is a snow leopard? Biogeography and status overview[M].// MCCARTHY T, MALLON D. Snow leopards. San Diego:Academic Press , 23-42.

MCCARTHY T, MALLON D, JACKSON R, et al, 2017. *Panthera uncia*. The IUCN Red List of Threatened Species 2017: e. T22732A50664030. [2019-05-20]. http://dx.doi.org/10.2305/IUCN.UK.2017-2.RLTS.T22732A50664030.en.

NAWAZ M A, HAMEED S, 2015. Snow leopard program Pakistan: research update 2008-2014[R/OL] .(2015-10-27)[2019-06-01]. https://www.snowleopard.org/wp-content/uploads/2018/03/Nawaz-and-Hameed-Pakistan-report-on-Snow-Lepard-

Population.pdf .

OGNEV S I, 1962. Mammals of the USSR and adjacent countries: Zveri SSSR I Prilezhashchikh Stran[R]. Israel program for scientific translations.

PETERS G, 1980. The vocal repertoire of the snow leopard (*Uncia uncia*, Schreber 1775)[J]. International pedigree book of snow leopards, 2: 137-158.

POCOCK R I, 1916a. XXII.—On the hyoidean apparatus of the lion (*F. leo*) and related species of Felidæ[J]. Annals and magazine of natural history, 18(104): 222-229.

POCOCK R I, 1916b. XXXVI.—On the tooth-change, cranial characters, and classification of the snow-leopard or ounce (*Felis uncia*)[J]. Journal of natural history, 18(105): 306-316.

ROBERTS T J, Bernhard (principe d'Olanda.), 1977. The mammals of Pakistan[J].

RIEGER I, 1984. Tail functions in ounces, *Uncia uncia*[J]. International pedigree book of snow leopards, 4: 85-97.

RIORDAN P, CUSHMAN S A, MALLON D, et al, 2016. Predicting global population connectivity and targeting conservation action for snow leopard across its range[J]. Ecography, 39(5): 419-426.

SANDERSON E W, MALLON D, MCCARTHY T, et al, 2016. Global strategies for snow leopard conservation[M]. //MCCARTHY T, MALLON D. Snow Leopards. San Diego: Academic Press, 543-558.

SCHALLER G B, 1977. Mountain monarchs. Wild sheep and goats of the Himalaya[M]. Chicago: University of Chicago Press.

SCHALLER G B, HONG L, JUNRANG R, et al, 1988a. The snow leopard in Xinjiang, China[J]. Oryx, 22(4): 197-204.

SCHALLER G B, JUNRANG R, MINGJIANG Q, 1988b. Status of the snow leopard *Panthera uncia* in Qinghai and Gansu Provinces, China[J]. Biological conservation, 45(3): 179-194.

SHRESTHA R, TENZING D L, TASHI N, et al, 2013. A report on snow leopard (*Panthera uncia*) population survey in the central range of Wangchuck Centennial Park, Bhutan[J]. Report to WWF-US, Eastern Himalayas Program.

Snow Leopard Network, 2013. Snow leopard survival strategy. Version 2013 [M/OL]. Snow Leopard Network. [2019-04-20]. http://www.snowleopardnetwork. org.

Snow Leopard Working Secretariat, 2013. Global snow leopard and ecosystem protection program[M]. Bishkek: Snow Leopard Working Secretariat.

SUNQUIST M, SUNQUIST F, 2002. Wild cats of the world[M]. Chicago: University of Chicago Press.

TORREGROSA V, PETRUCCI M, PÉREZ-CLAROS J A, et al, 2010. Nasal aperture area and body mass in felids: ecophysiological implications and paleobiological inferences[J]. Geobios, 43(6): 653-661.

THINLEY P, DAGAY L, 2014. Estimating snow leopard (*Panthera uncia*) abundance and distribution in Jigme Dorji National Park using camera traps: a technical report[J]. Bhutan: Department of Forests and Park Services.

WHARTON D A N, FREEMAN H, 1988. The Snow leopard *Panthera uncia*: a captive population under the Species Survival Plan[J]. International zoo yearbook , 27(1): 85-98.

廖炎发，1985. 青海雪豹地理分布的初步调查 [J]. 兽类学报，5(3): 183-188.

第二章

2

中国雪豹：走向关注

　　在本章中，我们将讨论中国对于雪豹的重要性，并简单回顾中国在雪豹研究和保护上做出的努力。

◎ 中国：雪豹的中央之国？

　　就野生雪豹的分布而言，中国具有举足轻重的地位。虽然目前关于全球野生雪豹数量的数据大多来自估算，但绝大部分专家都认同中国境内的雪豹数量在 12 个雪豹分布国中是最多的。中国野生雪豹种群数量占到全球总数的 1/3 ～ 1/2，甚至更高比例。从雪豹潜在栖息地分布来看，超过 50% 的雪豹栖息地落在中国版图范围内（McCarthy et al.，2003；Snow Leopard Network，2013；Snow Leopard Working Secretariat，2013；McCarthy et al.，2016）。详细的中国雪豹分布信息请参见第三章和第六章。

　　中国的雪豹栖息地不仅在栖息地面积上所占的比例最高，也处于整个雪豹分布范围的核心位置（图 2-1）。除乌兹别克斯坦外，中国与其他有雪豹分布（或潜在有雪豹分布）的国家全部接壤。2008 年在北京召开的国际雪豹生存策

图 2-1　中国的雪豹栖息地不仅在栖息地面积上所占的比例高，而且处于雪豹分布范围的核心位置。图为雪豹及其栖息地环境

供图：山水自然保护中心、北京大学自然保护与社会发展研究中心

略研讨会提出的八个雪豹主要分布的生态区域（Ecological Settings），分别为阿尔泰山、喜马拉雅山、兴都库什山、喀喇昆仑山、昆仑山、帕米尔、青藏高原、天山（参见图 1-9）。除兴都库什山外，这些区域几乎都延伸到中国境内，其中青藏高原几乎全部在中国版图之内。

　　此外，中国境内的雪豹栖息地中有较大的比例是对于维持雪豹种群十分重要的优质栖息地。在国际雪豹生存策略研讨会划定的 69 个雪豹保护单元（Snow Leopard Conservation Units，SLCUs，指对于雪豹长期保护具有重要意义的区域）中，有 30 个位于中国境内，仅青藏高原单元面积就超过了 370 000km^2（表 2-1）（McCarthy et al.，2016）。可以说中国对于雪豹的生存繁衍，以及种群的扩散和基因交流都具有无可替代的地位（McCarthy et al.，2016）。

第二章
中国雪豹：走向关注

表 2-1　2008 年国际雪豹生存策略研讨会提出的雪豹保护单元（仅中国部分）

单元名称	面积 / km²	栖息地质量	种群信息来源
巴音布鲁克	13 458	中	动物调查、问卷
都兰县	4619	高	红外相机
昆仑山	10 910	中	动物调查、问卷
四川北部	405	高	访谈、研究、痕迹调查
中天山北部	5980	中	动物调查、问卷
四川东北部	6320	高	访谈、研究、痕迹调查
帕米尔-西昆仑	24 902	未知	基于已知信息的估计
帕米尔	15 595	中	动物调查
四川中南部	5354	高	访谈、研究、痕迹调查
四川南部	11 334	高	访谈、研究、痕迹调查
四川西南部	2577	高	访谈、研究、痕迹调查
塔什库尔干	19 797	未知	基于已知信息的估计
青藏高原	370 282	未知	未知
托木尔峰	19 984	中	红外相机、痕迹调查
Tramkar Rasan	120 162	高	基于已知信息的估计
西昆仑 b	5311	中	动物调查
博格达（Bogda）	13 310	中	痕迹调查、问卷
共和县	24 843	中	当地居民报告
祁连山 1	4836	无信息	未知
祁连山 2a	3200	无信息	未知
祁连山 2b	1478	无信息	未知
祁连山 2c	5627	无信息	未知

单元名称	面积 / km²	栖息地质量	种群信息来源
祁连山 2d	3372	无信息	未知
祁连山 2e	7367	无信息	未知
Tarbahetai	14 629	中	动物调查、问卷
天峻县	1746	中	访谈、基础研究
温泉（县）	10 603	不佳	动物调查、问卷
阿尔泰西部	29 652	中	痕迹调查、问卷
西昆仑 a	12 312	中	动物调查、问卷
Baitag	7645	不佳	痕迹调查、问卷

◎ 中国雪豹调查与研究（1980—2008）

虽然中国对于雪豹具有重要意义，但中国针对雪豹的调查和研究工作起步相对较晚。

全球范围对雪豹的研究开始于 20 世纪 70 年代，以夏勒博士于 1969—1970 年在巴基斯坦的研究为起点，研究人员在蒙古国、印度、尼泊尔等国家相继开展了关于雪豹的研究。而直到 1985 年，中国第一篇针对雪豹的研究文章才由廖炎发发表（廖炎发，1985）。虽然夏勒博士在 1983—1987 年间受中国林业部门邀请，曾在中国西部的青海、甘肃、新疆等省（区）开展过雪豹和野生有蹄类调查工作，但在那之后十几年的时间内，中国几乎再没有针对雪豹的研究工作的论文发表（Alexander，2016e）。

在 1950—2000 年的时期内，关于中国雪豹的科学信息，往往是在综述某一区域的野生动（植）物情况时提及（寿振黄，1957；胡锦矗，1981；陈钧，1990）。20 世纪 50 年代末 60 年代初，中国组织了一系列动物基础调查。在新疆、甘肃和西藏的雪豹分布区中，开展过几次综合性动物调查，不过没有资源支持雪豹研究，数据也没有任何处理。作为雪豹最主要的分布国，中国雪豹研究的缺乏显然会阻碍人们对这一物种的了解和保护。这种状况在 2002 年美国西雅图举行的国际雪豹生存峰会后终于有所改变。

2002 年的雪豹生存峰会后，在中国，雪豹开始获得更多关注，由中国本土研究人员主导的雪豹研究工作陆续展开。最先开始雪豹研究的是中国科学院新疆生态与地理研究所的马鸣。从 2004 年开始，马鸣组建了新疆雪豹调查小组，主要在新疆维吾尔自治区内开展雪豹调查，工作范围包括天山、阿尔泰山和昆仑山等区域的雪豹栖息地。他们的工作得到了国际雪豹基金会的支持和帮助，其中 2004—2005 年在托木尔峰保护区等地的调查作为当时国际合作调查项目的一部分。马鸣团队的工作成果形成了十余篇关于新疆雪豹的学术论文，并于 2013 年汇集成《新疆雪豹》一书。

2005 年，中国科学院动物研究所和东北师范大学联合培养的博士研究生徐爱春在青海都兰县开展了小规模的红外相机调查。2007 年，北京林业大学时坤教授的团队在国家林业局（现为国家林业和草原局）的支持下，在新疆、甘肃、四川和西藏开展了雪豹研究工作。他们的团队主要与自然保护区和国家公园合作，特别是在甘肃省祁连山保护区进行了大量调查和研究。

2008 年，中国科学院动物研究所承办了国际雪豹生存策略研讨会，这届会议后来被很多人看作中国雪豹研究与保护的一个重要节点。以雪豹生存策略研讨会为契机，北京林业大学联合牛津大学，在新疆、甘肃、内蒙古等地对当地保护区进行了能力建设培训。雪豹大会后的第二年，也就是 2009 年，国际保护生物学大会在北京召开，会议期间夏勒博士将国际雪豹基金会介绍给北京大学教授吕植和她创办的非政府组织——山水自然保护中心。同年，北京大学自然保护与社会发展研究中心会同山水自然保护中心开始了在青海省三江源地区的雪豹研究与保护工作。

随着时间推移，雪豹在中国获得的关注也越来越多，相关调查、监测和研究工作也不断充实。这些工作极大地增进了我们对中国雪豹生存状况的认知。在专题 2 中，我们对 1980—2018 年间发表的针对中国雪豹的科研论文进行了回顾。

专题 2　中国雪豹研究回顾（1980—2018）

在本专题中，我们将基于 1980—2018 年间发表的、以中国境内雪豹为研究对象的生态学和保护生物学中英文文献，回顾中国雪豹的研究状况。本专题借鉴了 *A spotlight on snow leopard conservation in China*（《聚焦中国雪豹保护》）（Alexander et al.，2016e）。该文回顾了 1980—2014 年间与中国雪豹保护相关的文献。

Alexander 等（2016e）总结了 1980—2014 年间发表的文献。我们使用与之相同的研究方法，并在本研究中加入了 2015—2018 年新发表的论文。

我们在谷歌学术搜索引擎（Google 2015）中，使用关键词"snow leopard""uncia""Panthera uncia"加上"China"；同时，在中国知网（http://www.cnki.net/）中，使用关键词"雪豹""uncia""Panthera uncia"，来分别识别 2015—2018 年间的相关中英文文献。然后将这些文献中的记录加入原始表格。我们未囊括未发表论文、会议论文和大众传媒的文章。

本次我们共识别出了 24 篇 2015—2018 年间发表的且明确关注中国雪豹（题目中提到雪豹以及 / 或者正文中有大量对中国雪豹的研究）的文献。Alexander 等（2016e）则一共收集到 1980—2014 年间发表的文献共 33 篇。总计有 57 篇关注雪豹生态学和雪豹保护的文献（表 2-2）。

最早的雪豹研究文献来自廖炎发（1985）及夏勒等人（Schaller et al., 1988a，b）。这些研究覆盖了新疆、青海和甘肃的多处雪豹栖息地。在整个 20 世纪 90 年代直到 2000 年，我们没有找到以雪豹为主要研究对象的文献。2000—2014 年出现了一批相关文献，主要评估了雪豹的栖息地利用、数量和分布（$n=19$），关注人与雪豹的冲突（$n=6$）或猎物的状况（$n=7$），以及比较中外雪豹研究成果（王彦 等，2012a，b）。2014 年前，没有评价政策环境的文章。

在 2015—2018 年间，雪豹研究文献的数量急剧上升，占全部发表量的 42%。这些研究多数关于雪豹的栖息地利用、数量和分布（$n=12$），也有一些研究涉及人与雪豹的冲突（$n=4$）、遗传学（$n=3$）、猎物（$n=1$）、非法野生动物贸易（$n=1$）和气候变化（$n=1$）。同时出现两篇综述（$n=2$），总结中国的雪豹保护情况（Alexander et al.，2016e；Li et al.，2016b）。

57 篇关于雪豹的文献主要基于新疆（22 篇）、青海（15 篇）、甘肃（10 篇）三地开展的雪豹研究。2015 年以来，开始有一些新工作关注西藏的雪豹。整体上，只有少量研究是在四川（$n=4$）和西藏（$n=4$）进行的。2017 年，首个在云南的雪豹研究获得发表。对内蒙古的雪豹，尚未找到任何具体研究。

表 2-2　中国雪豹研究文献列表（1980—2018）

编号	年份	位置*	文献作者	文献名	发表杂志	语种	研究领域
1	1985	Q	廖炎发，1985	青海雪豹地理分布的初步调查	兽类学报	中文	栖息地
2	1988	X	Schaller et al.，1988a	The snow leopard in Xinjiang, China	Oryx	英文	栖息地，猎物
3	1988	G，Q	Schaller et al.，1988b	Status of the snow leopard *Panthera uncia* in Qinghai and Gansu Province，China	Biological Conservation	英文	栖息地，猎物
4	2003	Q，G，X，S	刘楚光 等，2003	雪豹的食性与食源调查研究	陕西师范大学学报（自然科学版）	中文	猎物
5	2005	X	马鸣 等，2005	新疆雪豹调查中的痕迹分析	动物学杂志	中文	栖息地，猎物，人兽冲突
6	2005	X	徐峰 等，2005	新疆托木尔峰自然保护区雪豹调查初报	四川动物	中文	栖息地
7	2006	X	徐峰 等，2006a	新疆北塔山雪豹对秋季栖息地的选择	动物学研究	中文	栖息地
8	2006	X	马鸣 等，2006a	利用自动照相术获得天山雪豹拍摄率与个体数量	动物学报	中文	栖息地，猎物
9	2006	X	徐峰 等，2006b	雪豹栖息地选择研究初报	干旱区研究	中文	栖息地
10	2006	X	马鸣 等，2006b	利用红外自动照相技术首次拍摄到清晰雪豹照片——新疆木扎特谷雪豹冬季考察简报	干旱区地理	中文	栖息地
11	2007	X	徐峰 等，2007	新疆北塔山地区雪豹及其食物资源调查初报	干旱区资源与环境	中文	栖息地，猎物，人兽冲突
12	2008	X	McCarthy et al.，2008	Assessing estimators of snow leopard abundance	The Journal of Wildlife Management	英文	栖息地

编号	年代	位置*	文献作者	文献名	发表杂志	语种	研究领域
13	2008	Q	Xu et al., 2008	Status and conservation of the snow leopard *Panthera uncia* in the Gouli Region, Kunlun Mountains, China	Oryx	英文	栖息地，猎物，人兽冲突
14	2008	Q	Janečka et al., 2008	Population monitoring of snow leopards using noninvasive collection of scat samples: a pilot study	Animal Conservation	英文	栖息地，遗传学
15	2008	Q	张于光 等，2008	基于粪便 DNA 的雪豹种群调查和遗传多样性	动物学报	中文	遗传学
16	2009	S	彭基泰，2009	青藏高原东南横断山脉甘孜地区雪豹资源调查研究	四川林业科技	中文	栖息地，人类
17	2009	Q	张于光 等，2009	基于粪便 DNA 的青海雪豹种群遗传结构初步研究	兽类学报	中文	其他
18	2009	Q	吴国生，2009	青海省都兰县沟里乡智玉村野生雪豹调查	畜牧兽医杂志	中文	栖息地
19	2010	X	Xu et al., 2010	Recovery of snow leopard *Uncia uncia* in Tomur National Nature Reserve of Xinjiang	Pakistan Journal of Zoology	英文	栖息地，人兽冲突
20	2011	X	Turghan et al., 2011	Status of snow leopard *Uncia uncia* and its conservation in the Tumor Peak Natural Reserve in Xinjiang, China	International Journal of Biodiversity and Conservation	英文	栖息地
21	2011	X	徐峰 等，2011	新疆托木尔峰国家级自然保护区雪豹的种群密度	兽类学报	中文	栖息地，猎物
22	2011	X	马鸣 等，2011	新疆雪豹种群密度监测方法探讨	生态与农村环境学报	中文	栖息地
23	2012	X	Ma, 2012	Market prices for the tissues and organs of snow leopards in China	Selevinia	英文	人类

编号	年代	位置*	文献作者	文献名	发表杂志	语种	研究领域
24	2012	—	王彦 等，2012a	雪豹（*Uncia uncia*）研究的文献计量评价	生态学杂志	中文	其他
25	2012	—	王彦 等，2012b	近 60 年来雪豹（*Uncia uncia*）研究的文献分析	生物学杂志	中文	其他
26	2013	Q	Li et al.，2013a	Role of Tibetan Buddhist monasteries in snow leopard conservation	Conservation Biology	英文	栖息地，人兽冲突
27	2013	Q	Li et al.，2013b	A communal sign post of snow leopards (*Panthera uncia*) and other species on the Tibetan Plateau, China	International Journal of Biodiversity	英文	其他
28	2013	Q	Li et al.，2013c	Human-snow leopard conflicts in the Sanjiangyuan Region of the Tibetan Plateau	Biological Conservation	英文	人兽冲突
29	2013	X	马鸣 等，2013	新疆雪豹	科学出版社	中文	其他
30	2014	X	Wang et al.，2014	Dietary overlap of snow leopard and other carnivores in the Pamirs of Northwestern China	Chinese Science Bulletin	英文	猎物，遗传学
31	2014	—	Li et al.，2014	Snow leopard poaching and trade in China 2000–2013	Biological Conservation	英文	人类
32	2014	X	Xu et al.，2014	Nature reserve in Xinjiang: a snow leopard paradise or refuge for how long?	Selevinia	英文	栖息地
33	2014	Q, T, G	周芸芸 等，2014	基于粪便 DNA 的青藏高原雪豹种群调查和遗传多样性分析	兽类学报	中文	栖息地，遗传学
34	2015	G	Alexander et al.，2015a	Human wildlife conflict involving large carnivores in Qilianshan, China and the minimal paw-print of snow leopards	Biological Conservation	英文	人兽冲突

编号	年代	位置 *	文献作者	文献名	发表杂志	语种	研究领域
35	2015	G	Alexander et al., 2015b	Face value: towards robust estimates of snow leopard densities	PLoS One	英文	栖息地
36	2015	X	Laguardia et al., 2015	Species identification refined by molecular scatology in a community of sympatric carnivores in Xinjiang，China	Zoological Research	英文	遗传学
37	2015	Q	Li et al., 2015	Livestock depredations and attitudes of local pastoralists toward carnivores in the Qinghai Lake Region，China	Wildlife Biology	英文	人兽冲突
38	2015	X	Wu et al., 2015	Relationship between ibex and snow leopard about food chain and population density in Tian Shan	Selevinia	英文	猎物
39	2015	Q, G	周芸芸 等，2015	雪豹的微卫星 DNA 遗传多样性	动物学杂志	中文	遗传学
40	2016	G	Alexander et al., 2016a	On the high trail: examining determinants of site use by the endangered snow leopard *Panthera uncia* in Qilianshan, China	Oryx	英文	栖息地，人类
41	2016	G	Alexander et al., 2016b	Patterns of snow leopard site use in an increasingly human-dominated landscape	PLoS One	英文	栖息地，人类
42	2016	G	Alexander et al., 2016c	A granular view of a snow leopard population using camera traps in Central China	Biological Conservation	英文	栖息地
43	2016	G	Alexander et al., 2016d	Conservation of snow leopards: spill over benefits for other carnivores?	Oryx	英文	其他
44	2016	—	Alexander et al., 2016e	A spotlight on snow leopard conservation in China	Integrative Zoology	英文	综合

编号	年代	位置*	文献作者	文献名	发表杂志	语种	研究领域
45	2016	T	Chen et al., 2016a	Human-carnivore coexistence in Qomolangma (Mt. Everest) Nature Reserve, China: Patterns and compensation	Biological Conservation	英文	人兽冲突
46	2016	T	Chen et al., 2016b	Status and conservation of the endangered snow leopard *Panthera uncia* in Qomolangma National Nature Reserve, Tibet	Oryx	英文	栖息地, 人兽冲突
47	2016	X	Pan et al., 2016	Detection of a snow leopard population in northern Bortala, Xinjiang, China	CATnews	英文	栖息地
48	2016	—	Li et al., 2016a	Climate refugia of snow leopards in High Asia	Biological Conservation	英文	人类
49	2016	—	Li et al., 2016b	Challenges of snow leopard conservation in China	Science China Life Sciences	英文	综合
50	2017	Y	Buzzard et al., 2017a	The status of snow leopards *Panthera uncia*, and high altitude use by common leopards *P. pardus*, in north-west Yunnan, China	Oryx	英文	栖息地
51	2017	X	Buzzard et al., 2017b	Presence of the snow leopard *Panthera uncia* confirmed at four sites in the Chinese Tianshan Mountains.	Oryx	英文	栖息地
52	2017	—	Janečka et al., 2017	Range-wide snow leopard phylogeography supports three subspecies	Journal of Heredity	英文	遗传学
53	2017	S	唐卓 等, 2017	基于红外相机技术对四川卧龙国家级自然保护区雪豹 (*Panthera uncia*) 的研究	生物多样性	中文	栖息地
54	2017	S	乔麦菊 等, 2017	基于 MaxEnt 模型的卧龙国家级自然保护区雪豹 (*Panthera uncia*) 适宜栖息地预测	四川林业科技	中文	栖息地

编号	年代	位置*	文献作者	文献名	发表杂志	语种	研究领域
55	2018	T	Bai et al.，2018	Assessment of habitat suitability of the snow leopard (*Panthera uncia*) in Qomolangma National Nature Reserve based on MaxEnt modeling	Zoological Research	英文	栖息地
56	2018	—	Maheshwari et al.，2018	Monitoring illegal trade in snow leopards: 2003–2014.	Global Ecology and Conservation	英文	人类
57	2018	Q	Mei et al.，2018	Common leopard and snow leopard co-existence in Sanjiangyuan, Qinghai, China	CATnews	英文	栖息地

注：* 位置：X，新疆；Q，青海；G，甘肃；S，四川；T，西藏。

◎ 中国雪豹保护：法规和政策背景

20 世纪 50—80 年代，雪豹在中国经历了一段困难时期。和全球看待自然和生态系统的态度类似，在 80 年代以前，物种和生态系统保护的理念在中国还未兴起。雪豹和其他许多野生动物一样，更多地被当作一种"资源"被捕猎，或者被当作威胁畜牧业的"害兽"而被消灭。一些区域甚至有政府组织捕猎雪豹的情况。截至 80 年代末，雪豹很可能在西部大部分省（区）范围内濒临灭绝，包括四川、青海、新疆和内蒙古。我们也不太清楚这一时段内雪豹的栖息地的变化情况。

中国雪豹的命运在 20 世纪 80 年代得到了改变，虽然很长时间内雪豹没有受到明星物种如大熊猫、东北虎那样的关注，但整体上还是受惠于一系列支持自然保护的法律法规。1989 年《中国野生动物保护法》正式颁布实施，雪豹被列为国家一级保护动物；对雪豹的猎杀、捕捉、贩卖，以及对雪豹制品的使用都成为违法行为。政府组织了打击盗猎和非法贸易的行动，很大程度上遏制了对雪豹的捕杀。

与此同时，雪豹的栖息地也得到了更好的保护，在雪豹的分布区中，中国也逐步成立了一系列自然保护区，包括新疆的托木尔峰（1985年）、甘肃的祁连山（1987年）、西藏的羌塘（1993年）以及青海的三江源（图2-2，图2-3）（2000年）（Riordan et al.，2016；国家林业局，2013）。虽然《自然保护区管理条例》在文本上的要求极为严格，但实际执行中往往没有配套的资源与措施，使得实际的保护效果很难达到预期；即便如此，保护区及周边区域的雪豹种群数量仍高于其他未得到正式保护的区域。

图2-2　雪豹喜好沿着岩壁活动。在中国，雪豹的栖息地得到了很好的保护

供图：山水自然保护中心、北京大学自然保护与社会发展研究中心

20世纪90年代末至21世纪初，生态环境保护越来越得到中国政府的重视。1998年开始的天然林保护工程是这一趋势的重要体现。虽然雪豹在绝大部分区域并不利用森林生态系统，但天然林保护工程的一大意义在于推动传统林业部门的工作转型。1999年开始的退耕还林工程和2003年开始的退牧还草工程从概念上确定了生态保护和生态恢复的方向，特别是后者覆盖了绝大多数雪豹分布省份和地区。

图2-3　自然保护区等保护地为雪豹等野生动物提供了重要的庇护所，图中所示为三江源国家级自然保护区年保玉则分区

摄影：左凌仁/影像生物调查所（IBE）、北京大学自然保护与社会发展研究中心、山水自然保护中心、阿拉善SEE基金会、青海省三江源国家级自然保护区管理局联合项目支持拍摄

进入 21 世纪后，雪豹在中国获得越来越多关注，逐渐成为一个明星物种；与此同时，生态环境保护在国家发展中的地位也越来越频繁地被明确。2000 年，国务院发布了《全国生态环境保护纲要》，强调环境保护是基本国策。2007 年，"生态文明"首次被写入了中国共产党第十七次全国代表大会报告。2012 年，中国共产党第十八次全国代表大会确立了"五位一体"的发展方针，生态文明建设与经济建设、政治建设、文化建设、社会建设共同组成了中国特色社会主义事业的总体布局。2017 年，中国共产党第十九次全国代表大会报告中再次强调"加快生态文明体制改革，建设美丽中国"。

对生态文明建设的重视也在一系列全国性规划中得到体现，这为中国的雪豹保护提供了良好的契机。2008 年，环境保护部和中国科学院发布《全国生态功能区划》，三江源、祁连山、天山等雪豹栖息地都被划定为重点生态功能区域。2011 年发布的《全国主体功能区规划》中，三江源、祁连山、阿尔泰山等雪豹主要栖息地被列入"限制开发区域"，并明确国家级自然保护区、世界文化自然遗产等保护地为"禁止开发区域"。在这一系列规划中，明确将地区工作的重点定位于生态保护。

2013 年，中国共产党十八届三中全会提出建立国家公园体制，开始了新的保护地体制尝试；2017 年中共中央办公厅、国务院办公厅正式印发了《建立国家公园体制总体方案》，中国共产党第十九次全国代表大会上也明确提出了"建立以国家公园为主体的自然保护地体系"。这为未来自然保护地建设在工作内容、工作方式、资源整合等方面都提供了新的思路和新的可能。在第一批试点的十处国家公园中，三江源国家公园和祁连山国家公园都覆盖了雪豹栖息地（图 2-4）。

图 2-4　三江源国家公园覆盖了雪豹栖息地。图为三江源国家公园澜沧江源园区昂赛乡

摄影：刘思远 / 影像生物调查所（IBE）、北京大学自然保护与社会发展研究中心、山水自然保护中心、阿拉善 SEE 基金会、青海省三江源国家级自然保护区管理局联合项目支持拍摄

◎ 中国雪豹保护：全国性保护规划和多元化保护力量

2012 年，吉尔吉斯斯坦筹备发起全球雪豹及生态系统保护项目（GSLEP），中国作为雪豹最主要的分布国也加入了该项目。这标志着中国开始从国家层面关注雪豹及它们生存的高寒山地生态系统。

作为加入 GSLEP 的重要组成部分，国家林业局于 2012 年组织编写了《中国雪豹保护行动计划（内部审议稿）》（简称《行动计划》）并于 2013 年发布。《行动计划》识别出中国雪豹面临的四大威胁，即"放牧活动导致的栖息地质量退化""气候变化和野生动物疾病""非法矿业开采和不合理的道路建设""针对雪豹猎物的盗猎"；以及影响保护成效的五大问题，包括"自然保护区针对雪豹分布区的覆盖不足""基层保护机构能力不足""雪豹种群及栖息地数据不足""公众宣传教育开展不足""雪豹肇事补偿标准较低"。此外，《行动计划》还围绕科研监测、保护管理体系建设、社区、宣传以及国际合作等五大方向制定了十二项行动计划（表 2-3）。

表 2-3 《中国雪豹保护行动计划（内部审议稿）》所提出的五大工作方向、十二项行动计划

工作方向	行动计划	具体措施
调查监测雪豹种群和栖息地动态，加强基础研究和保护规划	雪豹种群和栖息地调查与监测	重点区域：帕米尔昆仑 – 喀喇昆仑山，喜马拉雅山、横断山、天山、阿尔泰山、贺兰山、冈底斯山 – 唐古拉山 – 可可西里 – 巴颜喀拉山、阴山、祁连山
		建立专家组，制订技术方案和调查监测规程
		收集雪豹分布区及周边区域的地形、植被、道路、居民点等信息，开展实地调查评估栖息地状况，模型预测未来雪豹重要栖息地和廊道区域
		数据分析，完成种群和栖息地评估报告，建立雪豹保护 GIS 数据库
		开展后续监测工作
	加强关于气候变化、栖息地恢复、种群生态学等领域的基础研究	组织专家就气候变化、栖息地恢复、种群生态学等重要科研领域开展项目设计和申报

工作方向	行动计划	具体措施
调查监测雪豹种群和栖息地动态，加强基础研究和保护规划	加强关于气候变化、栖息地恢复、种群生态学等领域的基础研究	搜集研究区域的气象数据，分析气候和其他生态因素的影响
		雪豹栖息地内针对开矿、道路建设、放牧等人类活动进行调查，分析相关因素对种群和栖息地的影响，提出栖息地恢复和管理改进对策
		运用红外相机及其他非侵入性方法开展雪豹种群生态学等基础领域研究
	雪豹保护的科学规划	基于调研结果，进行保护策略研究和保护规划，识别高质量栖息地
		重点区域内优先考虑雪豹保护，不得开展不合适的建设项目
		协调各区域内生态工程的实施，评估项目成效
完善保护管理体系，提升栖息地保护	基于自然保护区体系，完善雪豹种群和栖息地保护管理工作	加强保护区建设，基于调查结果调整保护区区划，以保护关键种群和栖息地
		识别并填补保护和监测工作盲区
		建立雪豹保护专家组，协调、支持雪豹调查监测工作
		划定各保护区域内的保护和监测工作职责
	加强雪豹保护管理体系的能力	根据各保护管理单元的职责，相应补充人力
		升级装备和技术水平，设立实地巡护、栖息地恢复、社区协调等方面的工作指南
		组织不同层级的培训活动
		建设信息互通机制，协调各保护管理单元的行动
		定期评估保护管理成效

工作方向	行动计划	具体措施
完善保护管理体系，提升栖息地保护	保护、恢复、扩大雪豹栖息地	制订规则办法，加强实地巡护，控制非法采掘、不合理放牧活动，清除猎套
		评估过度放牧、草场围栏、非法采掘、公路建设、过度旅游开发以及其他人类活动对雪豹种群和栖息地的影响，提交关于相关规范的合理政策建议
		关键廊道区域控制捕猎及农牧活动
		研究、制订必要的政策以恢复雪豹栖息地
		定期评估保护管理成效
协调雪豹保护与社区的社会经济发展	补偿雪豹肇事损失	制订更方便的肇事上报核查程序
		积极推进补偿工作覆盖全部雪豹分布区
		根据实际损失情况，合理提高补偿标准，探索商业保险
		定期或不定期检查补偿情况，调查社区居民的态度
	事前防护	加强公众教育，提升保护意识和对防护方法的认知
		逐步引导社区居民转变松散的放牧方式，改进防护围栏
	试点、示范生态友好型生计模式	系统调查社区生产生活方式，评估它们对雪豹、猎物和栖息地的影响，识别需要做出调整的经济行为
		研究替代性生产生活模式，鼓励社区居民做出自发的示范
		通过示范项目评估经济和保护效益，逐步鼓励生态友好的生产生活方式
		建立项目支持、奖励和惩罚体系，协调雪豹保护和社区发展

守护雪山之王：
中国雪豹调查与保护现状

工作方向	行动计划	具体措施
加强执法宣传，打击非法活动	加强执法能力建设，有效开展执法检查和特别打击行动	收集群众上报信息，积极开展市场调查和违法案例分析，识别盗猎走私活动的关键源头地、交易场所、转运方式、网络平台
		提升关键区域执法机构的装备、培训水平以及意识
		开发反盗猎巡护系统、市场检查系统、执法信息通知系统、联合会议系统、责任系统，提升机构间协作机制
		加强反走私信息管理和风险防控
		开展联合执法检查和特别打击行动，加强违法活动分析
	加强开展公众宣传教育	通过多种媒体渠道，开展多层次主题宣传活动，提升公众对雪豹保护的整体认知和意识
		关键地点、边境区域、市场设置标志标牌，宣传雪豹保护，鼓励公众停止购买雪豹制品
		设置电话热线和网络投诉平台，建立激励机制鼓励公众提供非法活动线索
		选择合适的典型案例开展密集传播活动
		建立保护志愿者平台，促进志愿者参与信息调查等活动
扩大国际合作	优化国际合作机制	在帕米尔、阿尔泰山、喜马拉雅山等边境雪豹分布区，与相关国家讨论未来跨境合作行动
		促进各国保护、研究机构之间的交流
		推进相关国家边境贸易区的信息交换和执法机制建设
		加强各国海关系统的信息交换
		定期评估跨境保护成效

《行动计划》首次系统梳理了中国雪豹的保护状况，全面思考了中国雪豹保护的对策，第一次为各级保护工作者提供了行动指南。

2018年，中国国家林业和草原局在深圳主持举办了雪豹国际峰会。此次会议上中国政府、科研机构与民间保护组织齐聚一堂，与各国代表一起，发布了《国际雪豹保护深圳共识》，表达了中国积极参与雪豹保护的坚定决心，向国际社会释放出积极信号。

与国家层面对雪豹关注相对应的，是中国雪豹调查与保护的另一大特色——保护力量的多元化。陆续加入雪豹保护的团队中，既有在地保护部门、地方政府，也有科研机构、保护组织、企业资源、民间团体等，他们充分发挥各自特长，以各自的方式加入了雪豹调查与保护工作（图2-5，图2-6）。除上文提到的研究和调查工作外，西藏的羌塘国家级自然保护区、色林错国家级自

图2-5 中国雪豹保护的一大特色是保护力量的多元化，图为研究人员通过访谈当地居民了解雪豹的生存状况

摄影：肖凌云

然保护区与野生生物保护学会合作开展了雪豹调查和保护工作；在万科基金会的支持下，珠峰雪豹保护中心成立，联合珠穆朗玛峰保护区开始进行雪豹调查与保护工作。在新疆，志愿者组织——荒野新疆在天山东部国有林管理局的支持下，在新疆天山东部开始雪豹调查与保护工作。在青海，四川省绿色江河环境保护促进会和中国科学院西北高原生物研究所合作，在长江源区开始雪豹调查和保护工作；原上草自然保护中心在阿尼玛卿山开展雪豹调查。在四川，卧龙等自然保护区在北京大学等单位的支持下联合开始进行邛崃山系的雪豹调查；中国猫科动物保护联盟（简称"猫盟 CFCA"）与四川新龙保护区、洛须保护区合作，开始在四川省甘孜州进行雪豹调查与保护工作。在甘肃，祁连山及盐池湾自然保护区、祁连山国家公园也先后在北京林业大学等团队配合下开始系统的雪豹调查工作。世界自然基金会也先后在新疆甘肃、青海等地开展工作，在省和国家层面推动雪豹保护。

图 2-6　多元化的保护力量推动着雪豹保护工作的开展。研究人员观察到雪豹喜爱沿着山脊线行动

供图：山水自然保护中心、北京大学自然保护与社会发展研究中心

图 2-7　2015 年玉树国际雪豹论坛

供图：山水自然保护中心

　　各家科研机构和民间组织也多次聚会，商讨雪豹保护策略。2015 年 7 月，北京大学与山水自然保护中心的联合团队在青海省玉树藏族自治州举办了第一届玉树国际雪豹论坛（图 2-7），邀请国内雪豹保护团队共同商讨雪豹保护策略，与会方共同成立了中国雪豹保护网络。这是一个由科研机构、民间组织及保护区等共建的中国雪豹保护联盟，希望以网站、报告等载体，通过线上线下交流、分享技术方案、提供标准的培训及组织论坛等方式，搭建中国雪豹研究与保护的沟通交流平台，推动中国雪豹研究和保护事业的发展。2016 年 9 月，天山东部国有林管理局与荒野新疆联合举办了新疆雪豹论坛，网络成员聚首乌鲁木齐，并在论坛上发布了《雪豹调查技术手册》，希望统一调查方法，也帮助更多机构快速入门并加入雪豹保护网络。本书的内容收集、整理和编写也是由网络成员完成的。在表 2-4 中我们提供了这些成员的详细信息。

表 2-4　2018 年中国雪豹保护网络成员（动态变化中）

成员名称	机构类型
北京大学野生动物生态与保护研究组	科研机构
北京大学自然保护与社会发展研究中心	科研机构
北京林业大学野生动物研究所	科研机构
北京巧女公益基金会	本土非政府组织
贡嘎山国家级自然保护区	保护地管理机构
野生生物保护学会	国际非政府组织
荒野新疆	本土非政府组织
陆桥生态中心	本土非政府组织
年保玉则生态环境保护协会	本土非政府组织
青海省雪境生态宣传教育与研究中心	本土非政府组织
青海省原上草自然保护中心	本土非政府组织
三江源国家公园管理局	保护地管理机构
山水自然保护中心	本土非政府组织
世界自然基金会	国际非政府组织
四川省绿色江河环境保护促进会	本土非政府组织
卧龙国家级自然保护区	保护地管理机构
雪豹守望者	本土非政府组织
青海省治多县索加乡人民政府（通天雪豹团）	政府机构
中国科学院西北高原生物研究所	科研机构
中国林业科学研究院森林生态环境与保护研究所	科研机构
中国猫科动物保护联盟（CFCA）	本土非政府组织

◎ 参考文献

ALEXANDER J, CHEN P, DAMERELL P, et al, 2015a. Human wildlife conflict involving large carnivores in Qilianshan, China and the minimal paw-print of snow leopards[J]. Biological conservation, 187: 1-9.

ALEXANDER J S, GOPALASWAMY A M, SHI K, et al, 2015b. Face value: towards robust estimates of snow leopard densities[J]. PLoS ONE, 10(8): e0134815.

ALEXANDER J S, SHI K, TALLENTS L A, et al, 2016a. On the high trail: examining determinants of site use by the endangered snow leopard *Panthera uncia* in Qilianshan, China[J]. Oryx, 50(2): 231-238.

ALEXANDER J S, GOPALASWAMY A M, SHI K, et al, 2016b. Patterns of snow leopard site use in an increasingly human-dominated landscape[J]. PLoS ONE, 11(5): e0155309.

ALEXANDER J S, ZHANG C, SHI K, et al, 2016c. A granular view of a snow leopard population using camera traps in Central China[J]. Biological conservation, 197: 27-31.

ALEXANDER J S, CUSACK J J, PENGJU C, et al, 2016d. Conservation of snow leopards: spill-over benefits for other carnivores?[J]. Oryx, 50(2): 239-243.

ALEXANDER J S, ZHANG C, SHI K, et al, 2016e. A spotlight on snow leopard conservation in China[J]. Integrative zoology, 11(4): 308-321.

BAI D F, CHEN P J, ATZENI L, et al, 2018. Assessment of habitat suitability of the snow leopard (*Panthera uncia*) in Qomolangma National Nature Reserve based on MaxEnt modeling[J]. Zoological research, 39(6): 373-386.

BUZZARD P J, LI X, BLEISCH W V, 2017a. The status of snow leopards *Panthera uncia*, and high altitude use by common leopards *P. pardus*, in northwest

Yunnan, China[J]. Oryx, 51(4): 587-589.

BUZZARD P J, MAMING R, TURGHAN M, et al, 2017b. Presence of the snow leopard *Panthera uncia* confirmed at four sites in the Chinese Tianshan Mountains[J]. Oryx, 51(4): 594-596.

CHEN P, GAO Y, LEE A T L, et al, 2016a. Human–carnivore coexistence in Qomolangma (Mt. Everest) Nature Reserve, China: patterns and compensation[J]. Biological conservation, 197: 18-26.

CHEN P, GAO Y, WANG J, et al, 2016b.Status and conservation of the endangered snow leopard *Panthera uncia* in Qomolangma National Nature Reserve, Tibet[J]. Oryx, 51(4): 590-593.

JANEČKA J E, JACKSON R, YUQUANG Z, et al, 2008. Population monitoring of snow leopards using noninvasive collection of scat samples: a pilot study[J]. Animal conservation, 11(5): 401-411.

JANEČKA J E, ZHANG Y, LI D, et al, 2017. Range-wide snow leopard phylogeography supports three subspecies[J]. Journal of heredity, 108(6): 597-607.

LAGUARDIA A, JUN W, FANG-LEI S H I, et al, 2015. Species identification refined by molecular scatology in a community of sympatric carnivores in Xinjiang, China[J]. Zoological research, 36(2): 72.

LI C, JIANG Z, LI C, et al, 2015. Livestock depredations and attitudes of local pastoralists toward carnivores in the Qinghai Lake Region, China[J]. Wildlife biology, 21(4): 204-213.

LI J, WANG D, YIN H, et al, 2013a. Role of Tibetan Buddhist monasteries in snow leopard conservation[J]. Conservation biology, 28(1): 87-94.

LI J, SCHALLER G B, MCCARTHY T M, et al, 2013b, A communal sign post of snow leopards (*Panthera uncia*) and other species on the Tibetan Plateau,

China[J/OL]. International journal of biodiversity. [2019-06-25]. http://dx.doi.org/10.1155/2013/370905.

LI J, YIN H, WANG D, et al, 2013c. Human-snow leopard conflicts in the Sanjiangyuan Region of the Tibetan Plateau[J]. Biological conservation, 166: 118-123.

LI J, LU Z, 2014. Snow leopard poaching and trade in China 2000—2013[J]. Biological conservation, 176: 207-211.

LI J, MCCARTHY T M, WANG H, et al, 2016a. Climate refugia of snow leopards in High Asia[J]. Biological conservation, 203: 188-196.

LI J, XIAO L Y, LU Z, 2016b. Challenges of snow leopard conservation in China[J]. Science China life sciences, 59(6): 637-639.

MA M, 2012. Market prices for the tissues and organs of snow leopards in China[J]. Редакционный совет: АБ Бекенов, ДА Бланк (Израиль), ЗК Брушко, W. Yang (КНР, Синьцзян), 119.

MAHESHWARI A, NIRAJ S K, 2018. Monitoring illegal trade in snow leopards: 2003—2014[J]. Global ecology and conservation, 14: e00387.

MCCARTHY T M, CHAPRON G, 2003. Snow leopard survival strategy[M]. Seattle :International Snow Leopard Trust and Snow Leopard Network, 105.

MCCARTHY K P, FULLER T K, MING M, et al, 2008. Assessing estimators of snow leopard abundance[J]. The journal of wildlife management, 72(8): 1826-1833.

MCCARTHY T, MALLON D, SANDERSON E W, et al, 2016. What is a snow leopard? Biogeography and status overview[M].// MCCARTHY T, MALLON D. Snow leopards. San Diego:Academic Press , 23-42.

MEI S, ALEXANDER J S, ZHAO X, et al, 2018. Common leopard and snow

leopard co-existence in Sanjiangyuan,Qinghai, China[J]. CATnews, 67: 34-36.

PAN G, ALEXANDER J S, Riordan P, et al, 2016. Detection of a snow leopard population in northern Bortala, Xinjiang, China[J]. CATnews, 63: 29-30.

RIORDAN P, SHI K, 2016. Current state of snow leopard conservation in China[M]. // MCCARTHY T, MALLON D. Snow leopards. San Diego:Academic Press , 523-531.

SCHALLER G B, HONG L, JUNRANG R, et al, 1988a. The snow leopard in Xinjiang, China[J]. Oryx, 22(4): 197-204.

SCHALLER G B, JUNRANG R, MINGJIANG Q, 1988b. Status of the snow leopard *Panthera uncia* in Qinghai and Gansu Provinces, China[J]. Biological Conservation, 45(3): 179-194.

Snow Leopard Network, 2013. Snow leopard survival strategy. Version 2013 [M/OL]. Snow Leopard Network. [2019-04-20].http://www.snowleopardnetwork. org.

Snow Leopard Working Secretariat, 2013. Global snow leopard and ecosystem protection program[M]. Bishkek: Snow Leopard Working Secretariat.

TURGHAN M, MA M, XU F, et al, 2011. Status of snow leopard *Uncia uncia* and its conservation in the tumor peak natural reserve in Xinjiang, China[J]. International journal of biodiversity and conservation, 3(10): 497-500.

WANG J, LAGUARDIA A, DAMEREll P J, et al, 2014. Dietary overlap of snow leopard and other carnivores in the Pamirs of Northwestern China[J]. Chinese science bulletin, 59(25): 3162-3168.

WU D, MA M, XU G, et al, 2015. Relationship between ibex and snow leopard about food chain and population density in Tian Shan [J/OL]. Selevinia, 186-190. [2019-06-25].http://www.snowleopardnetwork.org/bibliography/Wu-et-al-2015.pdf.

XU A, JIANG Z, LI C, et al, 2008. Status and conservation of the snow leopard *Panthera uncia* in the Gouli Region, Kunlun Mountains, China[J]. Oryx, 42(3): 460-463.

XU F, MA M, WU Y, 2010. Recovery of snow leopard *Uncia uncia* in Tomur National Nature Reserve of Xinjiang, Northwestern China[J]. Pakistan journal of zoology, 42(6).

XU G, MAMING R, BUZZARD P J, et al, 2014. Nature reserves in Xinjiang: a snow leopard paradise or refuge for how long[J]. Selevinia, 22: 144-149.

陈钧，1990. 祁连山自然保护区兽类资源分布的研究 [J]. 甘肃科学学报，2(2): 67-71.

国家林业局，2013. 中国雪豹保护行动计划（内部审议稿）.

胡锦矗，1981. 四川省自然保护区的资源动物 [J]. 野生动物学报，(4)：2-6.

廖炎发，1985. 青海雪豹地理分布的初步调查 [J]. 兽类学报，5(3): 183-188.

刘楚光，郑生武，任军让，2003. 雪豹的食性与食源调查研究 [J]. 陕西师范大学学报 (自然科学版)，31（10）: 154-159.

马鸣，Munkhtsog B，徐峰，等，2005. 新疆雪豹调查中的痕迹分析 [J]. 动物学杂志，40(4): 34-39.

马鸣，徐峰，吴逸群，等 . 2006a. 利用自动照相术获得天山雪豹拍摄率与个体数量 [J]. 动物学报，52(4):788 -793.

马鸣，徐峰，2006b. 利用红外自动照相技术首次拍摄到清晰雪豹照片——新疆木扎特谷雪豹冬季考察简报 [J]. 干旱区地理，29(2)：307-308.

马鸣，徐峰，2011. 新疆雪豹种群密度监测方法探讨 [J]. 生态与农村环境学报，27(1): 79-83.

马鸣，徐峰，程芸，等，2013. 新疆雪豹 [M]. 北京: 科学出版社 .

彭基泰，2009. 青藏高原东南横断山脉甘孜地区雪豹资源调查研究 [J]. 四川林业科技，30(1): 57-58.

乔麦菊，唐卓，施小刚，等，2017. 基于 MaxEnt 模型的卧龙国家级自然保护区雪豹 (*Panthera uncia*) 适宜栖息地预测 [J]. 四川林业科技，38(6): 1-4.

寿振黄，1957. 东北毛皮兽的地理分布和目前存在的问题 [J]. 动物学杂志，(4):43-46.

唐卓，杨建，刘雪华，等，2017. 基于红外相机技术对四川卧龙国家级自然保护区雪豹 (*Panthera uncia*) 的研究 [J]. 生物多样性，25(1): 62-70.

王彦，马鸣，买尔旦，等，2012a. 雪豹 (*Uncia uncia*) 研究的文献计量评价 [J]. 生态学杂志，31(3) : 766-773.

王彦，马鸣，买尔旦，等，2012b. 近 60 年来雪豹 (*Uncia uncia*) 研究的文献分析 [J]. 生物学杂志，29(3): 78-82.

吴国生 . 2009. 青海省都兰县沟里乡智玉村野生雪豹调查 [J]. 畜牧兽医杂志，28(6): 33-34.

徐峰，马鸣，殷守敬，等，2005. 新疆托木尔峰自然保护区雪豹调查初报 [J]. 四川动物，24(4): 608-610.

徐峰，马鸣，殷守敬，2006a. 新疆北塔山雪豹对秋季栖息地的选择 [J]. 动物学研究，27(2): 221-224.

徐峰，马鸣，殷守敬，等，2006b. 雪豹栖息地选择研究初报 [J]. 干旱区研究，23(3): 471-474.

徐峰，马鸣，殷守敬，2007. 新疆北塔山地区雪豹及其食物资源调查初报 [J]. 干旱区资源与环境，21(3): 63-66.

徐峰，马鸣，吴逸群，2011. 新疆托木尔峰国家级自然保护区雪豹的种群密度 [J]. 兽类学报，31(2): 205-210.

张于光，Janecka E J，李迪强，等，2008. 基于粪便 DNA 的雪豹种群调查和遗传多样性 [J]. 动物学报，54 (5):762-766.

张于光，何丽，朵海瑞，等，2009. 基于粪便 DNA 的青海雪豹种群遗传结构初步研究 [J]. 兽类学报，29(3): 310-315.

中国深圳国际雪豹保护大会，2018. 国际雪豹保护深圳共识 .

周芸芸，冯金朝，朵海瑞，等，2014. 基于粪便 DNA 的青藏高原雪豹种群调查和遗传多样性分析 [J]. 兽类学报，34(2): 138-148.

周芸芸，朵海瑞，薛亚东，等，2015. 雪豹的微卫星 DNA 遗传多样性 [J]. 动物学杂志，50(2): 161-168.

第三章

CHAPTER

3

中国雪豹生存和调查现状

　　"中国雪豹的生存状况如何？""它们生活在哪里？""现在中国有多少雪豹？""它们的栖息地是否得到了保护？"

　　这些中国雪豹自然状况的相关问题，是雪豹保护最需要优先回答的。本章中我们汇总了关于中国雪豹自然状况的已知信息，主要包括分布、数量和保护地覆盖度。这些信息一方面来自中国雪豹保护网络成员机构贡献的信息，是各机构多年来在实地工作的成果总结；另一方面我们也收集整理了已发表文献中的信息。

　　我们也将现有调查和监测信息与尚需调查的部分进行了比较，总结了现有雪豹分布与密度调查需要弥补的空缺，讨论了接下来急需开展的调研工作方向。

　　此外，我们以专题的形式介绍了雪豹调查所常用的方法以及相关的统计学模型。一方面这些信息可以为开展雪豹调查和保护的机构、团体提供参考及支持；另一方面，读者也可以借助这些内容来梳理我们所提供的调查信息，或比较不同的雪豹调查研究文献。

◎ 中国雪豹分布：基于调查、监测和模拟估测

雪豹分布广泛，栖息地大都处于高海拔偏远地区，加之雪豹本身极强的隐蔽性和较低的种群密度，全面调查的工作难度很大（图3-1）。目前对于雪豹分布地的了解，一方面来自已有调查，更多的来自基于已有调查点的模拟和预测。

早期对雪豹栖息地分布范围的预测，一般是专家根据对已知雪豹栖息地的

图3-1　雪豹的栖息地大都处于高海拔偏远地区，对雪豹的有效保护需要建立在对它们的科学了解之上

供图：山水自然保护中心、北京大学自然保护与社会发展研究中心

认识进行的外推（如 Hemmer，1972；Fox，1989，1994），这些估测的主观性较大，很难进行系统的比较和讨论。Hunter 和 Jackson 在 1997 年第一次使用地理信息系统（GIS）进行了全球雪豹栖息地模拟（Hunter et al.，1997）。他们采用 1 : 1 000 000 纸质地图，根据海拔范围，在亚洲主要山脉中用多边形勾勒出雪豹的潜在分布区域；并利用坡度作为崎岖度指标，评价这些栖息地对雪豹的适宜性。正是这一文献展现了中国对于雪豹的重要性，在他们所预测的 3 025 000km^2 潜在雪豹栖息地中，中国占有超过 60% 的比例。这次模拟也第一次指出，云南省存在潜在的雪豹栖息地。William 在 2006 年将 Hunter 与 Jackson 的预测结果与已有的雪豹野外观测记录进行了对比，基本确认了该预测的合理性（William，2006）。这一版分布地图也被 2003 年第一版《雪豹生存策略》（*Snow Leopard Survival Strategy*）（McCarthy et al.，2003）所采用，GSLEP 2013 也主要采用了这套数据。然而这版分布地图主要考虑了地形因素，而未纳入其他重要的影响因素，如猎物分布、竞争、人类影响等。

2008 年在北京召开的国际雪豹生存策略研讨会汇集了 22 名雪豹专家，包括 11 名来自各雪豹分布国（仅哈萨克斯坦专家缺席）的代表，共同制作了一版全球雪豹分布地图。此版地图中分布范围的划定一方面考量雪豹对栖息地环境的偏好因素，如山地地形、崎岖度等；另一方面也纳入了之前的调查成果和专家意见。并基于专家们对不同区域的信息掌握情况，根据雪豹出现的可能性，将这些潜在栖息地进一步划分为确定（definite）、可信（probable）和可能（possible）。在确定的分布范围内，专家们还划定了对雪豹长期生存具有重要意义的雪豹保护单元。这一地图在 SLSS 2013，McCarthy 等的《雪豹》（*Snow Leopard*）一书中均被作为主要依据。

本书中，我们还使用了李娟博士利用最大熵模型（Maxent Model），基于全球 6252 个已知雪豹分布位点的信息，对中国雪豹的潜在分布范围进行的模拟预测（对该模型的原理和使用方法的详细介绍请参见专题 3 相关部分）。模型预测显示，中国潜在的雪豹栖息地为 1 771 662km²（表 3-1，表 3-2，图 3-2）。

从行政区划上来看，雪豹分布区在七个省（区）：西藏自治区、新疆维

表 3-1　中国雪豹分布范围（基于不同文献来源）

来源	分布范围
SLSS 2003，援引自 Hunter et al.，1997	潜在栖息地 1 824 316km²，占用栖息地 1 100 000km²，优质栖息地 290 766km²，一般栖息地 1 533 550km²，保护地覆盖 6.3%
SLSS 2013，援引自 2008 年国际雪豹生存策略研讨会成果	潜在栖息地 1 897 786km²，其中确定 530 520km²，可信 116 385km²，可能 1 250 881km²
最大熵模型计算	1 771 662km²

表 3-2　中国雪豹潜在分布范围和调查进展

省（区）	分布范围		调查进展	
	雪豹潜在栖息地面积 /km²	20% 雪豹栖息地 /km²	调查覆盖面积 /km²	占雪豹栖息地百分比 /（%）
新疆	476 398	95 280	2315	0.49
内蒙古	21 762	4352	0	0.00
甘肃	105 815	21 163	4300	4.06
青海	330 768	66 154	14 680	4.44
西藏	660 798	132 160	4503	0.68
云南	15 756	3151	0	0.00
四川	160 366	32 073	4578	2.85
全国	1 771 663	354 333	30 376	1.71

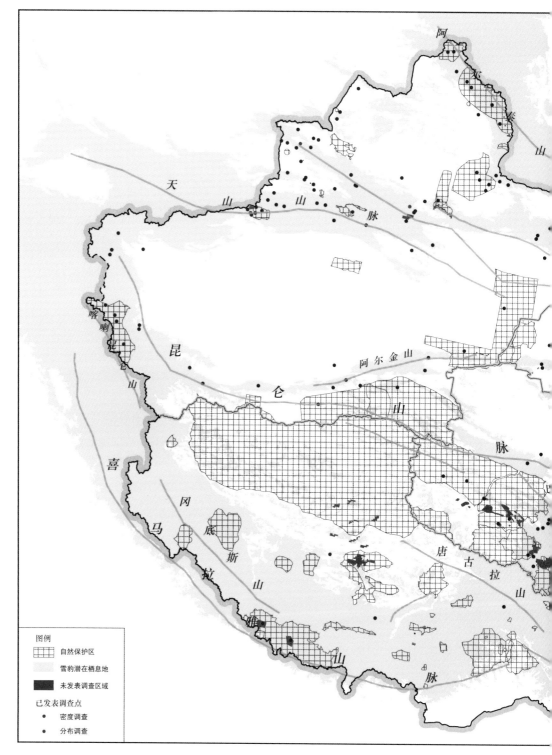

图例

自然保护区

雪豹潜在栖息地

未发表调查区域

已发表调查点

● 密度调查

• 分布调查

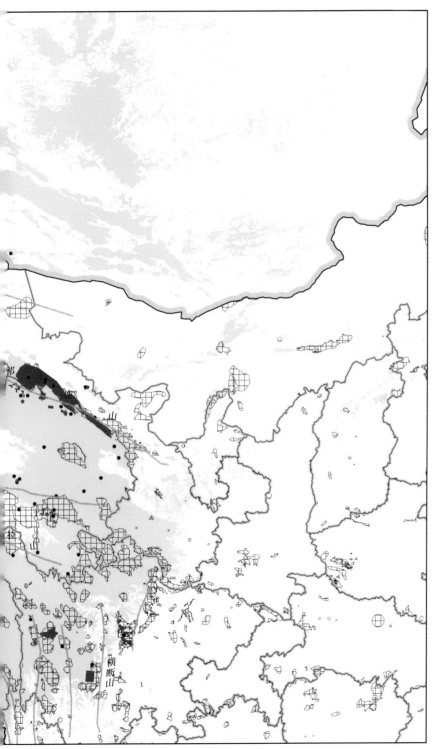

图 3-2 中国雪豹潜在分布范围（基于最大熵模型与实地调查区域）

吾尔自治区、青海省、四川省、甘肃省、云南省和内蒙古自治区。其中西藏、新疆和青海拥有面积最大的栖息地，而云南和内蒙古栖息地的面积要小得多。

从自然地理单元来看，2013年发布的《中国雪豹保护行动计划（内部审议稿）》（NSLEP 2013）指出，中国已有的雪豹分布在九大区域：帕米尔高原—昆仑山—喀喇昆仑山、喜马拉雅山、横断山、青藏高原—唐古拉山—可可西里—冈底斯山—巴颜喀拉山、阿尔金山—祁连山、天山、阿尔泰山、阴山和贺兰山。

从地图上不难看出，青藏高原是雪豹分布的核心区域。在 NSLEP 2013 提出的九大分布区域中，横断山在青藏高原东缘，喜马拉雅山在南缘；在高原北部，阿尔金山由其北缘向东与祁连山系相接，喀喇昆仑山、昆仑山则向西北与帕米尔高原连成一系。

相比雪豹潜在栖息地广大的面积，已经经过实地调查的区域则小得多。即便将三十多年前的调查也纳入统计，调查面积也相当有限。

中国最早针对雪豹的分布调查文献由廖炎发发表于1985年，实地调查于1973—1981年间在青海省开展。1984—1996年，夏勒博士和他的同事分别在新疆、西藏、青海、甘肃进行了大范围的调查走访（Schaller et al., 1988a, 1988b, 1998；Wang et al., 1996），主要方法是痕迹调查和社区调查。1996年由国家林业局组织了全国陆生重点动物调查。从2004年开始，研究人员和保护工作者在新疆、青海、甘肃、西藏和四川等省（区）都开展了雪豹调查；但主要以分布调查为主，数量调查相对较少。新疆维吾尔自治区的调查涵盖了天山、昆仑山、阿尔泰山三大山系及帕米尔高原等雪豹主要分布区。在西藏自治区，调查集中在羌塘地区和珠穆朗玛峰保护区，其他地区的调查很少。青海省的调查主要集中在三江源地区，昆仑山余脉的布尔汗布达山和与甘肃省相接的祁连山地区也有调查。甘肃省的调查主要在祁连山山脉的祁连山国家级自然保护区和盐池湾国家级自然保护区。四川省的调查在邛崃山系的卧龙等自然保护区、贡嘎山和川西的甘孜地区。云南省仅进行过一次红外相机调查，但没有拍摄到雪豹。内蒙古自治区尚没有进行过系统调查。各省（区）调查的详细情况请参见第六章。我们将在专题 3 中详细介绍这些调查方法。

◎ 中国雪豹数量

相比分布信息，获得具有科学依据的雪豹种群数量数据要困难很多；尽管已进行了数十年研究，可信的雪豹种群数量估计仍然非常有限。在雪豹广大的潜在分布范围内进行全面的种群调查显然是不可能完成的，因此需要在已有的调查区域获得相对准确的种群密度信息，再结合潜在栖息地的面积信息，来估算出整个种群数量。目前成果只是基于对整个雪豹分布区面积 2% 的栖息地调查所得，并且已系统调查的区域多为雪豹的优质栖息地，其结果并不适合推演到其他未调查区域。

在已有的数量估计中，Fox（1994）估计，中国 1 100 000km^2 的雪豹栖息地中共有 2000 ～ 2500 只雪豹。这一数据在 SLSS 2003、GSLEP 2013 和 NSLEP 2013 中都得到了采纳。国家林业局（2009）估计中国雪豹的数量约为 4100 只。Riordan 等（2016b）则综合考虑了雪豹的平均密度和全国潜在栖息地面积，认为中国雪豹的数量可能有 4500 只。

专题3　雪豹调查方法及相关的统计学模型[1]

通过科学的方法获得雪豹分布和数量相对准确的信息，是现阶段中国雪豹调查与研究需要解决的基础问题，也是中国雪豹保护急需解决的重点问题。在本专题中，我们集中介绍四类雪豹调查和监测中常用的方法：社区调查、痕迹调查、粪便 DNA 分析及红外相机调查。统计学模型可以指导调查和数据收集，并且基于这些模型将调查得来的数据进行整理、分析，从而转化为更有效的分布和种群信息。我们在这里介绍三类统计学模型：最大熵模型、占域模型（Occupancy Model）和空间标记重捕模型（Spatial Explicit Capture-Recapture Model）。

调查和监测的常用方法

● 社区调查

大部分雪豹栖息地与人类的活动区域是难以分割的，很多区域的农牧民在生产生活过程中与雪豹等野生动物共存。虽然社区调查结果往往不被直接用作雪豹分布和数量研究的数据，但社区调查可以帮助研究人员迅速了解雪豹在当地的生存状况，还可以提供关于雪豹所受威胁、当地社区的需求和问题、社区居民看待雪豹及其他野生动物的态度等对于雪豹保护有重要意义的信息。

社区调查的方法包括文献研究、访谈法、问卷法、小组座谈法等方法。这些方法具有各自的特点和优势。通常的社区调查组织流程为：文献研究—预调查—社区本底调查—为保护工作服务的调查—保护工作效果调查—社区本底回访。第一次进入社区的调查通常以关键信息人访谈为主要方法，其他调查中应

---

[1] 根据北京大学自然保护与社会发展研究中心及山水自然保护中心联合编写的《雪豹调查技术手册》整理。

根据需要使用各类调查方法。

　　更多关于社区调查的内容请参见附录。

● **痕迹调查**

　　痕迹调查可以说是雪豹野外调查最基础的工作。由于雪豹生性隐秘，通过直接观察和目视计数判断其分布和数量的可行性极低，因此在野外寻找、观测雪豹留下的痕迹（足迹、刨坑、粪便、气味标记等）（图3-3）就成为最直接的替代办法。这些痕迹一方面可以作为证据来确认雪豹分布，也可以结合最大熵模型、占域模型来分析雪豹的潜在栖息地、相对空间利用率。

　　雪豹的主要痕迹类型和辨识方法如下：

图3-3　雪豹的痕迹
a、b.足迹；c.刨坑；d.粪便。

引自李娟，2012.

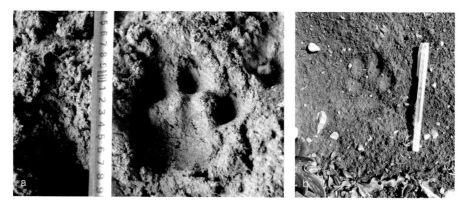

图3-4　雪豹足迹（a）和狼的足迹（b）

供图：山水自然保护中心、北京大学自然保护与社会发展研究中心

足迹：雪豹在较柔软基质的地上走过会留下足迹，有时会发现一长串或者几只雪豹同时行走的痕迹。雪豹足迹和其他动物最主要的区别在于其大小、形状和位置（图3-4）；猫科动物的足迹整体形状较圆，中间的足垫为梯形，常出现在岩壁附近；而犬科动物则整体较尖，中间的足垫为三角形。同时还可以结合雪豹爱在巨大岩壁基部留下痕迹等特征进行区别判断。

刨坑：雪豹在进行标记的时候，通常会用两个后爪并拢交替刨地，在地上留下一个比较明显的、形状规则的被刨过的痕迹。刨坑存留的时间、刨坑的大小与土地的基质粒度以及刨坑所处的位置有关（图3-5），一般在草地和石块等较坚硬基质上的刨坑较小（除非反复刨），在沙地、雪地等较软基质上的刨坑较大；若刨坑处在较为避风的地方，家畜密度低且人为干扰少，则保留时间较长，反之可能会出现形状被破坏的不太明显的刨坑。同域分布的其他动物也有可能有类似行为，但是犬科的刨坑通常是四脚同时在地上乱划，不容易形成规整的刨坑。另外，雪豹的刨坑由于两个后足同时向后，往往会在平行刨坑的后部交汇处形成一个明显的小土堆。

粪便：雪豹的粪便通常为典型的猫科动物粪便，圆球状、多节（图3-6）。

图 3-5　雪豹在不同基质的地面上留下的刨坑
a. 土地；b. 碎石；c. 草地

供图：山水自然保护中心、北京大学自然保护与社会发展研究中心

但其形状也和雪豹食物有关，如果吃的食物中毛较多，则容易呈连续的节状；如果内脏或肌肉较多，则较稀，无十分规则的形状。雪豹粪便通常较为粗大，直径 3cm 以上，但也受雪豹个体大小影响。雪豹的粪便多出现于雪豹常走的路径上，即崎岖度较大且离岩壁较近的地方。

　　气味标记：雪豹一般会在常走路径的突出大岩石上留下气味标记，主要是利用面部刮蹭和肛后腺喷射尿液（图 3-7），一般距地面 50 ～ 70cm。标记行为在发情季节二月份左右尤盛，但是保留时间较短，不易发现。

　　这几种痕迹往往会同时出现，结合雪豹的典型标记选址（狭窄的山谷、巨大岩壁基部、山脊线、小垭口等），判断起来才更有把握。由于单独的粪便很容易与其他物种的粪便混淆，有条件的话，后期利用粪便 DNA 进行物种鉴定，

图3-6 雪豹的粪便

供图：山水自然保护中心、北京大学自然保护与社会发展研究中心

可得到更可信的结果。

　　在进行痕迹调查时，在选定的调查网格内，先在卫星照片上找出最可能有雪豹分布的区域（远离交通要道和人口聚集处的大片石山区域），然后根据雪豹信息管理系统（Snow Leopard Information Management System，SLIMS）提

图 3-7 雪豹在岩壁上进行标记
a. 面部剐蹭；b. 喷射尿液

供图：山水自然保护中心、北京大学自然保护与社会发展研究中心

出的雪豹样线方法去该处进行野外调查（Jackson，1996）。尽量选取雪豹最佳栖息地内最可能留下痕迹的地方走样线，包括狭窄的山谷、巨大岩壁基部、山脊线、小垭口等。每个网格内部走同样距离的样线（参考值 4km），以确保调查一致（最好是独立的 4 条 1km 样线，以增大发现雪豹痕迹的概率）。走每一条样线的过程中，测量和记录沿途发现的雪豹的各种痕迹，还要记下样线开始 GPS 位点和样线结束 GPS 位点（表 3-3）（Jackson，1996）。

从野外实施的方便考虑，痕迹调查可以和社区访谈结合进行，比如每访谈一户，即从该户指出的雪豹出现的位置开始走样线，沿途记录雪豹痕迹。这样得出的结果也更为可信。

● **粪便 DNA 分析**

粪便样品中常会存留来源物种的 DNA，粪便在经过肠道时，会刮落一些含物种 DNA 的肠道上皮细胞，并携带在粪便表面。利用粪便 DNA 提取试剂

表 3-3　雪豹痕迹记录表（示例）

调查者 <u>张三</u>　日期 _____　地点 _____　网格编号 <u>01</u>
样线起点 GPS <u>ZS001</u> 终点 GPS <u>ZS045</u>

样线编号	GPS 编号	雪豹痕迹		地形	崎岖度	备注
		痕迹类型	新鲜程度			
01-1	ZS002	足迹	新	山谷	非常破碎	–
01-1	ZS003-1	刨坑	新	山坡	中度破碎	该处有三个痕迹
01-1	ZS003-2	粪便	旧	山坡	中度破碎	该处有三个痕迹
01-1	ZS003-3	粪便	新	山坡	中度破碎	该处有三个痕迹

注：痕迹类型：粪便，足迹，刨坑，气味标记；
新鲜程度：新（一个月以内），旧（早于一个月）；
地形：山脊，山坡，山谷，河床，其他（需注明）；
崎岖度：非常破碎（左右 50m 内 76% ~ 100% 为岩石），破碎（51% ~ 75% 为岩石），中度破碎（26% ~ 50% 为岩石），平坦（0 ~ 25% 为岩石）。

盒或者 CTAB 等方法，可以从粪便样品中将这些 DNA 提取出来。由于物种之间的基因组具有序列差异，利用粪便 DNA 所提供的 DNA 信息，可以判断粪便的来源物种，即实现物种鉴定（图 3-8）。常用于物种间区分的 DNA 片段主要有线粒体细胞色素 B（Cytochrome b）基因、12S rDNA 和 16S rDNA 的部分片段（Shehzad et al.，2012）。

利用粪便 DNA 法进行雪豹调查只需要较少的野外工作时间与精力，成本低廉；采集样品后运送到实验室进行后续分析，可以准确而快捷地区分不同的雪豹个体及其性别，乃至其种群的多种信息，如亲缘关系、遗传多样性（种群适应环境变化的潜力）、种群遗传结构（性别比例、亲缘远近）等，完善的遗传学技术具有独特的优势。

但粪便 DNA 分析也有其相应的短板。由于雪豹的生活环境往往极端干燥

图 3-8　利用粪便 DNA 所提供的信息，可实现物种鉴定。调查人员在野外收集动物粪便，这次的粪便来自狼而非雪豹

摄影：程琛；供图：山水自然保护中心

寒冷，导致粪便在野外能够保存相当长的时间，不仅 DNA 可能已严重降解，粪便的来源个体也可能已经迁离该地甚至死亡，这都会对后续分析产生不利影响。一般采样时要求尽量捡取一个月以内的新鲜粪便，但除非当地雪豹密度相当高，否则很难找到足以进行密度估计的新鲜粪便。此外，此方法常常面临样品信息缺乏的问题，采集保存不规范也会导致样品无法得到利用，因此需要对采样人员进行严格的采样方法与数据记录规范的培训和考核。

　　为了保证粪便样品的信息能够得到有效的利用，科学选择采样路线、完整记录采集样品的地理位置等信息、妥善并且规范地保存样品十分重要，因而对于采样人员的培训、合理安排采样活动是必要的。其调查方法的设计与痕迹调查相类似。需按照同样网格进行采样，在每个网格里走一定长度的样线进行采样。

遗传学可通过粪便样品间接地获得雪豹个体的信息，红外相机能够实现对雪豹个体的直接记录，两种方法相互补充，各有长处，可以结合起来使用，从而回答更多雪豹种群、生态上的问题。

更多关于粪便 DNA 分析的内容请参见附录。

● **红外相机调查**

红外相机调查可能是目前在预算足够的情况下最快速有效、容易上手的雪豹调查方法。且由于雪豹自带的可辨识身份的独特斑纹，使得红外相机不仅可以调查雪豹的分布范围，分析雪豹的栖息地选择和活动节律，还能够利用统计学模型得出较为精确的雪豹密度数据，从而使我们了解当地雪豹种群密度的现状和动态（图 3-9）。

红外相机的放置往往需要以前期的调查访谈为基础，选择雪豹最可能出现的地点。雪豹喜在关键的交通要道处 / 必经之地反复留下痕迹作为家域的地标，在这些地方可以多次拍到雪豹，如山谷的入口、河道的交叉口、孤立的石块、有石块掩护的翻山垭口等。

在这些交通要道处放置相机，往往还可以拍到许多其他物种。相比垂直于地面或与地面呈钝角的石壁，雪豹更喜欢在与地面呈锐角的石壁做标记，可能是因为喷射尿液和在石壁上摩擦脸颊脖子更方便的缘故（图 3-10）。

为了拍到雪豹的全身各个角度，而非仅仅是正脸和尾部，相机的放置角度不宜与雪豹的通道平行；为了使雪豹由远及近走过来时能多拍几张照片，也不宜与雪豹通道垂直，一般的放置角度要与雪豹的行走路线呈 45°。

不用于个体识别时，可以仅仅放置一台相机。距离雪豹通道的距离不宜过远（不能触发红外相机），也不宜过近（只能拍到动物的局部），一般以 2 ~ 3m

图 3-9　红外相机技术的发展和普及极大地推动了对中国雪豹的了解

摄影：肖凌云

为佳。相机的仰角不宜过高也不宜过低，放置时最好由一位工作人员趴在地面
上（以模拟雪豹的肩高），另一位工作人员检查相机拍摄图像的角度是否合适。

　　由于冬季雪豹发情期活动较为频繁，且会下到海拔较低的地区，雪豹的痕
迹在雪地上也更容易看见，故往往选择在冬季放置相机调查雪豹，但是放置相
机时要注意避开容易积雪的地区，否则相机可能会被一场大雪盖住。

　　为了便于管理，我们建议给红外相机进行编号，号码与所在网格的编号对
应，用马克笔写在相机机身上，同时在 SD 存储卡上也写上同样的编号，以免

图 3-10　红外相机拍摄到一只雪豹正在做标记

供图：山水自然保护中心、北京大学自然保护与社会发展研究中心

收集 SD 卡时混淆数据。相机内部也设置上编号，并让其显示在照片上。这样双重保险，以免混淆了不同相机的数据。每次检查相机、换卡、换电池时要记得检查时间设置是否正确。

放置相机时尽量远离居民点，避免被附近居民误拿或移动，并在机身上贴上标签注明用途，请附近居民能够理解支持。如果避不开居民点，最好能向该处村民当面说明，并请他们支持（或许直接邀请他们参与其中，一起选点放置相机，共享所拍的照片，效果会更好）。

红外相机调查根据目的的不同，布设方案的设计也各有不同。很多大型食肉动物的保护项目，由于在一开始没有考虑好合适的调查设计，往往导致花费了大量人力、物力布设，甚至维持多年的红外相机数据，精度却不足以回答大家所关心的问题。非常遗憾的是，这个问题在世界各地的保护项目中一再出现，而解决的主要方案是基于生态学、统计学原理的合理设计，和先花一点时间进行预调查。

三种统计学模型

接下来我们将介绍三种在雪豹调查中具有代表性的统计学模型。这些模型能够帮助研究人员更好地利用调查所得的原始数据，来更准确地描述雪豹真实的生存状况。如前所述，调查是为了回答具体的生态学问题，这三种模型正是对应于不同的生态学问题。相应地，它们对于数据收集的要求也会有所不同。

● 最大熵模型

最大熵模型是一种物种分布模型（Phillips et al., 2006），主要针对的问题是目标物种对于环境因素的偏好。具体到雪豹，可以帮助我们在景观、家域等不同尺度回答"哪些环境因素构成了雪豹所喜爱的栖息地？"这类问题。

最大熵模型的原理是利用物种出现样点和背景样点上的环境变量数据，来估计环境变量一定时物种出现的概率。当研究人员掌握了一系列雪豹分布位点的信息（这些分布位点可以由痕迹记录确定，也可以是拍到雪豹的红外相机位点）时，就可以利用最大熵模型来对这些位点的环境变量信息（如崎岖度、坡度、年均温、植被类型、人类影响强度、猎物丰度等）进行分析，从而获知这些环境变量对于雪豹在栖息地选择上的影响，进而根据这些信息来推算雪豹的分布范围。需要指出的是，对于不同的研究尺度，所选择关注的环境变量也会有所不同，例如，年均温可能在景观尺度的栖息地选择上有较大影响，而对家域尺度的影响较小。

　　最大熵模型的一大优势是只需要物种出现（分布）位点的信息。由于在物种调查过程中，物种出现（presence）的信息相对容易获得，痕迹、红外照片都可以作为依据；而未出现（absence）的情况则复杂得多，既可能是由于物种

图 3-11　岩壁下的路线常常被雪豹所使用

供图：原上草自然保护中心

的确不存在于此调查区域，也可能是物种存在于此区域，但调查过程中并未收集到相关证据。最大熵模型更适用于雪豹这样数量稀少、较难调查的物种（李娟，2012）。需要注意的是，一些可能对雪豹在栖息地选择上有重要影响的环境变量（如猎物数量、人类影响强度等）并不容易获得，这可能会限制最大熵模型的使用。

和大部分雪豹调查监测方法类似，针对最大熵模型的调查取样，也是将研究区域打上网格，之后在抽选的网格中进行调查。规划网格的大小一般与研究针对的尺度相关，而网格的抽选与所关注的环境变量数量相关，一般抽取网格的数量是环境变量数量的 5 倍或 10 倍。在抽选的网格中进行调查可以选择痕迹样线法或红外相机法，在最可能发现雪豹痕迹的路线（图 3-11，图 3-12）

图 3-12　山脊线也是雪豹常使用的路径

供图：山水自然保护中心、北京大学自然保护与社会发展研究中心

上进行痕迹调查或在最可能记录到雪豹的位置安装红外相机，注意所有调查网格内的调查方法和标准需要统一。由于最大熵模型只利用网格内是否有雪豹出现的信息，因此每个网格中选取一个位点即可。显然，更丰富的数据能支持建构相对更准确的模型，因此共享不同区域的调查结果，对于利用最大熵模型进行分布区域分析大有裨益。

● 占域模型

占域模型（MacKenzie et al.，2002，2005）是一种物种相对密度模型，也是一种近年来雪豹研究领域应用非常广泛的调查分析模型。与最大熵模型相似，它也可以帮助我们了解目标物种对于环境变量的偏好；而不同的是，占域模型包含了对物种在某一区域的相对密度的评价。通俗地说，占域模型不仅预测某一区域是否可能有雪豹生存，还可用于评估这一区域的雪豹多不多，以及时间尺度上的数量相对增减动态。

雪豹的种群数量是研究人员和保护工作者所关注的重要信息，然而绝对数量的获取相对困难（请参见"空间标记重捕模型"部分）；而物种对空间的占有率（occupancy）与物种的密度直接相关，估计起来也容易得多。占域模型通过对调查单元（网格）中雪豹的捕获史进行分析，可以推知调查区域中未取样网格中雪豹的占有情况，从而对调查区域的整体情况有所了解。也就是说，可以通过模型了解调查区域内哪些地区雪豹利用较多，哪些地区较少有雪豹出没。还可以用来预测环境条件类似的栖息地中雪豹的分布情况。

影响物种调查结果的一大因素是探测率（detection probability），也就是当物种出现在调查单元中时，有多大概率被调查所发现；许多环境变量如相机放置位点的小地形、拍摄时的季节、温度、诱饵使用与否等会影响调查的探测率。占域模型的一大优势就是明确地将探测率影响纳入模型设计中，利用模型计算出的结果更接近雪豹对于该区域的实际利用情况。

使用占域模型在调查取样时也需要对调查区域打上网格，之后根据关注的环境变量进行随机抽样或分层抽样，抽取的样本量取决于分析时使用的环境变量数量，以环境变量的 5 ~ 10 倍为最小样本量。使用占域模型需要在抽取的调查单元（网格）中重复取样，重复办法大体可分为空间重复和时间重复两类。

利用痕迹调查作为数据来源时，很难确保每次调查的痕迹与之前的不重复，因此往往利用空间重复方法（Hines et al., 2010）。在每个调查单元（网格）内，选取雪豹最容易留下痕迹的路线进行采样，采样的线路最好由若干等长的捕获单元组成（如 4 段 1km 的独立捕获单元组成共 4km 长的样线）。在沿途记录下所发现的雪豹痕迹类型、GPS 位点、新旧程度，并填入表格内（参见表 3-3）。每一段捕获单元上如果有雪豹痕迹，记作"有"，以 1 来标识；如果没有发现雪豹痕迹，记作"无"，以 0 来标识；完成全部捕获单元的调查后，即可得到该调查单元内的雪豹捕获史（表 3-4）。注意所有调查单元中的样线总长、捕获单元长度和捕获单元数量应当是相同的。

如果是利用红外相机在固定点捕捉雪豹的影像，则是使用时间重复办法。在调查单元中最可能拍摄到雪豹的位点安装红外相机，以若干时长计为一个捕获单元（如 7 天、10 天，捕获单元的设置，一般是综合考虑了探测率和足够

表 3-4　捕获史数据记录表（示例）

网格编号	捕获单元 1	捕获单元 2	捕获单元 3	捕获单元 4
01	0	0	0	1
02	1	0	1	0
03	1	0	0	0
04	0	0	0	0
05	0	1	0	0
06	0	0	1	1

的捕获单元数量后决定），回收相机后若在某个捕获单元中拍摄到了雪豹，算作"有"，以 1 来标识；如果没拍摄到，就算作"无"，以 0 来标识。所有调查单元（网格）中捕获单元的时长和总数应当是相同的。需要注意的是，占域模型建立在"调查时间内，物种对于该区域的占有情况不发生改变"这一假设前提下，因此在设计调查时长时应予以留意。此外，不同网格的红外相机之间应相距足够的距离，以保证两个调查单元的捕获记录互相独立。

● 空间标记重捕模型

空间标记重捕模型主要用于估计目标物种在调查区域的绝对密度。种群的数量和密度是生态学研究的基本问题，也是制定保护规划、管理政策所需要的重要信息。然而由于雪豹的家域大、密度低，估算数量和密度的困难较大，空间标记重捕模型是目前在实践中表现较好的模型。

标记重捕模型的基本原理是在调查区域中标记识别种群中的个体，利用再次捕获时被标记个体的比例来获知物种在调查区域的探测率信息，从而据此计算种群数量。而空间标记重捕模型进一步将个体被捕获的空间信息（被捕获位置）纳入模型考量范畴，这样在分析计算雪豹种群的实际状况时会更加准确。雪豹的斑点花纹可以用来进行个体识别，因此可以利用红外相机拍摄的照片来进行标记识别和重捕（当一个雪豹个体在调查区间第一次被拍摄识别，视为第一次捕获而被标记；当已被标记识别的雪豹再次被拍摄，则视为重捕），由此可以建立一系列不同个体的捕获史，从而分析得到雪豹在调查区域的种群信息。在数量估算之外，要计算雪豹的密度还需要考虑面积问题；调查面积估算错误，往往会造成密度的高估。以往调查者常采用的方法是，计算标记重捕的雪豹的最大移动距离，将红外相机所构成的多边形向外扩大该距离或该距离的一半，以此作为调查面积，但这毕竟是较为主观的判断。现有的空间标记重捕模型则有效地解决了这个问题，它的原理是认为每只雪豹有一个家域的核心，距离该核心越远则被拍到的概率越小，利用最大似然法或贝叶斯法，根据现有拍摄到的数据进行模拟，从而计算出真实的调查面积。

要通过标记重捕模型获得密度估计，要考虑的野外调查设计的问题有：红外相机放置密度（每个取样单元的面积）、取样单元的选择、红外相机放置时长、调查覆盖范围等。有研究指出，最新的空间标记重捕模型在未满足种群闭合的假设前提时（在调查区间内有个体的出生、死亡，或迁入、迁出）仍可以给出相对准确的结果（Royle et al.，2016）。过去的惯例是，调查需要保证每个雪豹个体都要有大于 0 的探测率，即每只个体都要有一定的可能性被拍到。为此就需要使红外相机达到一定的密度，至少在每个个体的家域面积内需要一台相机。在给调查区域打网格时，可以以该物种在该地区的最小家域为网格的大小（由于国内仍然无法给雪豹戴项圈，故一般采用国际惯例，使用 4km 或 5km 边长的正方形网格），每个网格内选取最佳位置放置一到两台红外相机。在放置红外相机时，还需要注意相机之间需要相隔足够的距离。最近学界研究发现，针对空间标记重捕模型的最佳相机放置方式可能是，以扎堆的方式在几只雪豹个体家域内放置几台相机，相对家域中心由远及近，这样可以利用模型较为准确地估计出雌雄雪豹的家域大小、探测率和密度的平均值。更进一步，可以加入环境变量，考察家域、探测率和雪豹密度随着环境变量如何变化，从而预测出一片地区中未调查区域的雪豹家域中心、估算出未调查区域的雪豹密度。该模型对调查区域的覆盖面积也有较高需求，一般来说，至少 $600km^2$ 的调查范围是必需的，否则可能高估雪豹的家域范围，从而低估了实际的雪豹密度。

总体来说，空间标记重捕模型是目前在估算雪豹数量和密度上表现较为出色的一类，但相应地对资源需求也相对较高。

◎ 保护地

过去 30 年，中国境内保护区数量迅速增加，截至 2016 年，达到了 2740 个，大约覆盖中国陆地面积的 14.88%（保护区陆地面积为 14288 万公顷）。根据世界自然保护联盟和《受保护的地球》（*Protected Planet*）报告（Jackson et al.，2008；Juffe-Bignoli et al.，2014），中国雪豹分布区内已建立了超过 138 个保护区。李娟（2012）列举了覆盖雪豹潜在栖息地面积较大的 15 个自然保护区。NSLEP 2013 则列出了 26 个潜在有雪豹分布的保护区，这些自然保护区的种类和规模各不相同（表 3-5）。其中，最大的保护区网络位于可可西里、羌塘和三江源等自然保护区。这些保护区连接成片，占地面积 766 000km^2，横跨西藏和青海两省（区）（Juffe-Bignoli et al.，2014）。根据目前的数据，很难准确判断有多少雪豹栖息地已被保护区覆盖。

目前，似乎没有人严格评估过单个保护区或者全国保护区网络的雪豹保护成效。我们只发现了一份研究是关注保护区对于雪豹保护的潜在贡献的，该文献指出（Xu et al.，2014），新疆很多自然保护区都面临着压力。例如，卡拉麦里野生动物保护区在过去几年中进行了五至六次的边界更改，迫使核心区向北迁移，并导致了保护区的破碎化和退化。自然保护区的增长为雪豹保护带来了希望，但实际有效性依然存在争议（刘楚光 等，2003；Xu et al.，2007）。现有的保护区网络并非为雪豹保护而设计，保护区分布也不大连续，而且尚不清楚保护区之间的栖息地是否足以提供雪豹扩散通道（Riordan et al.，2016）。这是保护工作中的一个重要知识缺口。

增加新的保护区或许有助于雪豹保护，Buzzard 等人（2017）就曾强调新疆的自然保护区开展雪豹保护的需求，并列举相关数据向中国政府呼吁开设新的保护区。中国于 2015 年开始了国家公园体制试点，这或许会为雪豹保护地建设带来新的机会。

表 3-5　26 个潜在有雪豹分布的保护区

所在省份	编号	保护区名称	面积 /ha	等级
新疆	1	托木尔峰	380 480	国家级
新疆	2	阿尔金山	4 500 000	国家级
新疆	3	哈纳斯	220 162	国家级
新疆	4	西天山	31 217	国家级
新疆	5	塔什库尔干野生动物	1 586 300	国家级
新疆	6	中昆仑	3 200 000	省级
西藏	7	珠穆朗玛峰	3 381 000	国家级
西藏	8	羌塘	29 800 000	国家级
青海	9	三江源	15 230 000	国家级
青海	10	可可西里	4 500 000	国家级
青海	11	青海祁连山	802 217	省级
甘肃	12	甘肃祁连山	230 000	国家级
甘肃	13	盐池湾	1 360 000	国家级
四川	14	卧龙	200 000	国家级
四川	15	贡嘎山	400 000	国家级
四川	16	察青松多白唇鹿	143 683	国家级
四川	17	长沙贡玛	669 800	国家级

所在省份	编号	保护区名称	面积/ha	等级
四川	18	新路海	27 038	省级
四川	19	洛须	155 350	省级
四川	20	日巴雪山	21 064	县级
四川	21	嘎金雪山	25 640	市级
四川	22	扎嘎神山	160 202	县级
四川	23	雄龙西湿地	171 065	省级
内蒙古	24	乌拉特梭梭林—蒙古野驴	68 000	国家级
云南	25	白马雪山	276 400	国家级
云南	26	永德大雪山	17 541	国家级

注：根据 NSLEP 2013 整理而得。

◎ 调查空缺和前景

通过总结已有的调查我们发现，已有文献中雪豹分布的信息较多，尤其集中在新疆和青海两省（区）；但涉及密度估算的调查较少。基于已发表信息的密度估算推演至更大区域，显然是不现实的。2017 年的比什凯克国际雪豹峰会提出全球雪豹种群评估（Population Assessment of the World's Snow Leopards，PAWS）行动，将"在 20% 的雪豹栖息地内进行雪豹数量调查"作为行动目标。我们统计了各机构的相机调查范围，一共覆盖了约 30 000km²，约占全国雪豹栖息地的 1.7%；这距离 PAWS 计划提出的调查 20% 的雪豹栖息地种群密度的目标还有较大距离，但与全世界调查的平均水平 2% 差距不大。

一张足够精确、符合现实分布情况的异质性雪豹分布图是目前急需的。按照 PAWS 计划提议的方法，将全国用大尺度网格（如 20km×20km）划分，无论是访谈、痕迹还是红外相机调查，如果能汇总每一个网格内所有的调查结果，应用占域模型则有希望实现对雪豹栖息地异质性分布的较为准确的模拟。

汇总已有的调查，与吉尔吉斯斯坦接壤的西天山地区以及西藏南部的冈底斯—念青唐古拉山山脉—喜马拉雅山脉是分布调查中的两大空缺。我们仍需要大量的努力去收集汇总已有的调查结果，以填补空缺区域。

估计各地区雪豹种群数量，也是一项紧迫的任务。现阶段各机构正在进行的未发表的雪豹调查基本都有密度估算的目标。这些调查基本都参考了网格化连片布设红外相机的设计，也都在进行基于雪豹斑点的个体识别；未来利用空间/非空间标记重捕模型，都可以算出当地雪豹的种群密度和数量。

◎ 参考文献

BUZZARD P J, MAMING R, TURGHAN M, et al, 2017. Presence of the snow leopard *Panthera uncia* confirmed at four sites in the Chinese Tianshan Mountains[J]. Oryx, 51(4): 594-596.

FOX J L, 1989. A review of the status and ecology of the snow leopard (*Panthera uncia*) [R]. Seattle:International Snow Leopard Trust, 40.

FOX J L, 1994. Snow leopard conservation in the wild — a comprehensive perspective on a low density and highly fragmented population.// International Snow Leopard Trust.Proceedings of the Seventh International Snow Leopard Symposium, Xinning, July 25-30,1992. Seattle: International Snow Leopard Trust in cooperation with the Chicago Zoological Society.

HEMMER H, 1972. *Uncia uncia*[J]. Mammalian species(20): 1-5.

HINES J E, NICHOLS J D, ROYLE J A, et al, 2010. Tigers on trails: occupancy modeling for cluster sampling[J]. Ecological applications, 20(5): 1456-1466.

HUNTER D O, JACKSON R, 1997. A range-wide model of potential snow leopard habitat [C]. //JACKSON R,AHMAD A.Proceedings of the Eighth International Snow Leopard Symposium, Islamabad, November 12-16,1995.Seattle: International Snow Leopard Trust, 51-56.

JACKSON R M, 1996. Home range, movements and habitat use of snow leopard (*Uncia uncia*) in Nepal[D]. London: University of London.

JACKSON R, MALLON D, MCCARTHY T, et al, 2008. *Panthera uncia*[J]. The IUCN red list of threatened species[EB/OL]. [2019-01-31]. https://www.iucnredlist.org/species/22732/50664030.

JUFFE-BIGNOLI D, BURGESS N D, BINGHAM H, et al, 2014. Protected planet report 2014: tracking progress towards global targets for protected areas[R]. Cambridge: UNEP World Conservation, 11.

MACKENZIE D I, NICHOLS J D, LACHMAN G B, et al, 2002. Estimating site occupancy rates when detection probabilities are less than one[J]. Ecology, 83(8): 2248-2255.

MACKENZIE D I, NICHOLS J D, ROYLE J A, et al, 2005. Occupancy estimation and modeling: inferring patterns and dynamics of species occurrence[M]. San Diego:Academic Press.

MCCARTHY T M, CHAPRON G, 2003. Snow leopard survival strategy[M]. Seattle :International Snow Leopard Trust and Snow Leopard Network, 105.

MCCARTHY T, MALLON D, SANDERSON E W, et al, 2016. What is a snow leopard? Biogeography and status overview[M].// MCCARTHY T, MALLON D. Snow leopards. San Diego:Academic Press: 23-42.

MCCARTHY T, MALLON D, 2016. Snow leopards[M]. San Diego:Academic Press.

PHILLIPS S J, ANDERSON R P, SCHAPIRE R E, 2006. Maximum entropy modeling of species geographic distributions[J]. Ecological modelling, 190(3-4): 231-259.

RIORDAN P, CUSHMAN S A, MALLON D, et al, 2016a. Predicting global population connectivity and targeting conservation action for snow leopard across its range[J]. Ecography, 39(5): 419-426.

RIORDAN P, SHI K, 2016b. Current state of snow leopard conservation in China[M].// MCCARTHY T, MALLON D. Snow leopards. San Diego:Academic Press: 523-531.

ROYLE J A, CHANDLER R B, SOLLMANN R, et al, 2013. Spatial capture-recapture[M]. San Diego:Academic Press.

ROYLE J A, FULLER A K, SUTHERLAND C, 2016. Spatial capture–recapture models allowing Markovian transience or dispersal[J]. Population ecology, 58(1): 53-62.

SCHALLER G B, HONG L, JUNRANG R, et al, 1988a. The snow leopard in Xinjiang, China[J]. Oryx, 22(4): 197-204.

SCHALLER G B, JUNRANG R, MINGJIANG Q, 1988b. Status of the snow leopard *Panthera uncia* in Qinghai and Gansu Provinces, China[J]. Biological conservation, 45(3): 179-194.

SCHALLER G B, 1998. Wildlife of the Tibetan steppe[M]. Chicago:University of Chicago Press.

SHEHZAD W, MCCARTHY T M, POMPANON F, et al, 2012. Prey preference of snow leopard (*Panthera uncia*) in South Gobi, Mongolia[J]. PLoS ONE, 7(2): e32104.

Snow Leopard Network, 2013. Snow leopard survival strategy. Version 2013 [M/OL]. Snow Leopard Network. [2019-04-20].http://www.snowleopardnetwork. org.

Snow Leopard Working Secretariat, 2013. Global snow leopard and ecosystem protection program[M]. Bishkek: Snow Leopard Working Secretariat.

WANG X, SCHALLER G B, 1996. Status of large mammals in western Inner Mongolia[J]. Journal of East China Normal University(Natural Science, Special Issue of Zoology), 93-104.

WANG X M, 1996. Status of large mammals in Inner Mongolia, China[J]. Journal of East China Normal University, 6: 94-104.

WILLIAMS A, 2006. A GIS assessment of snow leopard potential range and protected areas throughout inner Asia; and the development of an internet mapping service for snow leopard protection[D]. Montana: University of Montana, 101.

XU G, MAMING R, BUZZARD P J, et al, 2014. Nature Reserves in Xinjiang: a snow leopard paradise or refuge for how long[J]. Selevinia, 22: 144-149.

XU J, MELICK D R, 2007. Rethinking the effectiveness of public protected areas in southwestern China[J]. Conservation biology, 21(2): 318-328.

国家林业局, 2009. 中国重点陆生野生动物资源调查 [M]. 北京：中国林业出版社 .

国家林业局，2013. 中国雪豹保护行动计划（内部审议稿）。

李娟，2012. 青藏高原三江源地区雪豹 (*Panthera uncia*) 的生态学研究及保

护 [D]. 北京：北京大学 .

廖炎发，1985.青海雪豹地理分布的初步调查 [J]. 兽类学报，5(3): 183-188.

刘楚光，郑生武，任军让，2003. 雪豹的食性与食源调查研究 [J]. 陕西师范大学学报 (自然科学版)，(s2):154-159.

第四章

CHAPTER

4

中国雪豹所受威胁评估

在过去的 40 年间，中国经历了飞速的社会经济发展，这也给中国的生态环境及其中生存的野生动物带来了巨大的压力。雪豹栖息地大多位于人口密度较低的偏远地区，相对于虎、豹等其他大型食肉动物，受到的影响相对较小，却也无可避免地受到人类活动的威胁（Riordan et al.，2016）。

对威胁因素的准确了解有助于设计、规划和实施具有针对性的保护措施和行动。在本章中，我们将对雪豹生存可能造成负面影响的种种因素进行梳理和讨论。这其中一些因素是直接威胁到雪豹生存的，如盗猎和栖息地退化；另一些因素虽然并不直接威胁雪豹，却可能给雪豹保护造成不利影响，如保护部门力量不足。在这里我们遵循惯例（McCarthy et al.，2003；Snow Leopard Network，2013；Snow Leopard Working Secretariat，2013），统一将这些不利因素称为"威胁（Threats）"。

我们参考《雪豹生存策略》（*Snow Leopard Survival Strategy*）（Snow Leopard Network，2013）中所列举的国际范围内公认的雪豹威胁因素，邀请中国雪豹保护网络的一线工作成员，结合实际情况对这些威胁因素进行筛选。同时检索并综述涉及威胁因素的文献，并访谈各省（区）的关键信息人（关键信息人指全国各地熟悉情况的林业工作人员、一线保护工作者、科研工作者，具体人员名单请参见表 4-1），列举各种威胁因素的实际案例。通过以上方式，我们共识别出 21 种威胁因素，为方便进一步评估，我们参考 2003 版《雪豹生存策略》（McCarthy et al.，2003）的分类办法，将威胁因素分为四大类，威胁列表请参见表 4-2。

表 4-1　中国雪豹威胁评估关键信息人

序号	信息提供人	信息提供人所在单位	评价区域	具体区域
1	Justine Alexander	SLT	甘肃	
2	张常智	世界自然基金会	甘肃	
3	谢然	青海省治多县索加乡	青海	索加区域
4	连新明	中国科学院西北高原生物研究所	青海	长江源区
5	薛亚东	中国林业科学研究院森林生态环境与保护研究所	青海	青海祁连山
6	程琛	山水自然保护中心	青海	
7	刘炎林	中国林业科学研究院 / 北京巧女公益基金会	青海	青海全境
8	赵翔	山水自然保护中心	青海	
9	肖凌云	北京大学	青海	
10	杨创明	贡嘎山自然保护区	四川	仅四川贡嘎山地区
11	李晟	北京大学	四川	
12	梁旭昶	WCS	西藏	西藏北部羌塘区域
13	卞晓星	WCS	西藏	
14	邢睿	荒野新疆	新疆	
15	何兵	世界自然基金会	新疆、甘肃	

的

表 4-2　中国雪豹及其猎物、生态系统所受威胁及评分

威胁因素	西藏	新疆	青海	四川	甘肃	全国
威胁类别 1：对雪豹的直接猎杀或抓捕						
报复性猎杀	3.0	6.0	4.7	6.5	6.4	4.6
盗猎及非法贸易	0.0	5.0	5.0	3.5	8.7	3.1
动物园和博物馆的活体收集	0.0	1.0	1.0	0.0	1.3	0.5
针对其他物种下毒、下套等导致的误杀	0.0	5.0	4.7	5.0	9.1	3.2
雪豹疾病	0.0	3.0	2.0	3.0	2.0	1.6
威胁类别 2：栖息地与猎物相关威胁						
栖息地退化	4.0	6.5	6.7	7.0	7.3	5.6
栖息地破碎化	3.0	6.0	8.0	8.5	8.9	5.5
盗猎和误杀导致的野生猎物种群减少	0.0	7.5	4.3	8.0	9.2	4.1
家畜竞争导致的野生猎物种群减少	5.0	7.0	5.3	10.0	7.8	6.1
疾病导致的野生猎物种群减少	0.0	12.0	3.0	3.0	3.8	4.3
威胁类别 3：政策和认知相关的威胁						
缺乏适当政策	0.0	8.5	7.0	7.0	8.1	4.7
政策实施不力	0.0	10.0	7.7	9.0	7.7	5.4
缺乏跨境合作	0.0	13.5	0.7	11.0	3.6	5.0
保护部门力量不足	6.0	13.5	9.7	13.5	10.2	9.5

威胁因素	西藏	新疆	青海	四川	甘肃	全国
当地社区认知缺乏	4.0	10.5	7.0	7.5	8.3	6.8
威胁类别 4：其他威胁						
气候变化	8.0	10.0	7.3	6.0	7.5	8.0
人口增长和贫困	4.0	7.0	7.3	13.5	5.5	6.3
流浪狗袭击雪豹及其猎物	3.0	1.5	8.3	5.0	2.4	3.7
虫草 / 草药采集造成的干扰	0.0	0.0	4.7	7.0	1.3	1.6
大规模发展项目	3.0	7.0	3.3	6.0	8.0	4.6
矿产与水电开发	1.0	5.0	6.3	4.5	8.3	3.8

注：单元格颜色反映威胁程度：红色表示威胁评分高，橙色次之，黄色表示中等，绿色则表示威胁程度低。后各表同此。

我们邀请关键信息人对各省（区）的威胁因素进行专家评分。依据"威胁减轻评估方法"（Threats Reduction Assessment，TRA）（Salafsky et al.，1999），专家从"面积""强度"和"急迫性"三个维度对威胁因素进行评估。"面积"代表此威胁所影响区域的大小，"强度"代表该威胁对所在区域造成影响的大小，"急迫性"代表该威胁的紧急程度。评分值为 1 ~ 5，5 代表影响最大，1 代表影响最小。三者加和则是该威胁的总分。同一个省（区）的专家评分经过平均后，得出该省（区）的最终威胁评分表。最后，以各省（区）雪豹潜在栖息地面积占全国栖息地比例作为权重，乘以该省（区）某威胁的评分，各省（区）评分加权相加，得到各威胁因素的全国总评分。各省（区）威胁评估详细情况请参见第六章。

◎ 威胁因素

威胁类别 1：对雪豹的直接猎杀或抓捕

报复性猎杀

评分：全国 4.6；西藏 3.0；新疆 6.0；青海 4.7；四川 6.5；甘肃 6.4。

牧业是全球雪豹分布区内居民最主要的生产方式，在中国也是如此。雪豹及同域分布的捕食者不时会猎杀家畜，给当地居民造成较大损失（图 4-1）。这可能导致当地居民怨恨雪豹、狼等大型食肉动物，引起报复性猎杀。在国外

图 4-1　雪豹不时会猎杀家畜，给当地居民造成较大损失。但研究显示雪豹并不是造成这些损失的主要原因

摄影：董磊/影像生物调查所（IBE）、北京大学自然保护与社会发展研究中心、山水自然保护中心、阿拉善 SEE 基金会、青海省三江源国家级自然保护区管理局联合项目支持拍摄

一些地区的访谈显示，部分当地居民认为只有消灭食肉动物才是解决冲突的唯一措施（Oli et al.，1994）。

在中国，雪豹造成的家畜损失似乎低于其他雪豹分布国（Xu et al.，2008；Li et al.，2013；Alexander et al.，2015；Chen et al.，2016）。李娟等人在青海省三江源地区的一项研究显示，当地家畜损失中只有10%与雪豹有关，而45%与狼有关，42%与疾病相关（Li et al.，2013）。上述文献中的一系列调查表明，在青海省三江源地区、青海省昆仑山、甘肃省祁连山和西藏自治区珠穆朗玛峰地区，当地牧民对雪豹的容忍度较高，但对造成更大量家畜损失的其他食肉动物（如狼）的容忍度较低。在新疆天山东部区域，2016年北山羊种群感染小反刍疫大量死亡，造成野生猎物缺乏，当地雪豹种群对家畜的捕食强度陡然增加，牧民对新近出现的雪豹捕食家畜事件难以适应（荒野新疆提供信息）。

雪豹猎杀家畜的情况发生时，给相关牧民家庭所带来的经济损失往往较高；同时对雪豹制品的非法贸易可能刺激对雪豹的报复性猎杀。雪豹对家畜较频繁捕食往往意味着当地的野生猎物数量较少。

对应保护措施：加强执法，通过人兽冲突补偿降低牧民损失，加强放牧管理以降低家畜被雪豹等食肉动物捕食的可能，加强社区保护的宣传教育等。

盗猎及非法贸易

评分：全国 3.1；西藏 0.0；新疆 5.0；青海 5.0；四川 3.5；甘肃 8.7。

出于对雪豹皮毛及其他身体制品的需求而引起的猎杀和贸易，长期以来一直是威胁雪豹生存的主要因素之一。从1975年起雪豹被列入《濒危野生动植物种国际贸易公约》附录Ⅰ，对雪豹及其制品的国际贸易被严格禁止；所有雪豹分布国也均立法保护雪豹，中国自1989年施行《中华人民共和国野生动物保护法》，禁止对雪豹的猎捕、杀害，以及对其制品的出售、购买和利用。即便如此，盗猎及非法贸易仍然持续威胁着雪豹的生存。

20世纪80年代以前，相关法规尚未施行，雪豹可能受到较大规模的捕杀。根据刘务林（1994）估计，西藏自治区每年猎杀200～300只雪豹。政府的皮毛收缴记录显示，1968—1971年间，仅在西藏自治区昌都县就有88只雪豹遭到猎杀（Schaller et al., 1988）。20世纪90年代，政府为了控制食肉动物数量，雪豹继续遭到捕杀。四川省彭基泰（2009）查阅20世纪50—80年代甘孜州商业局统计资料表明，全州每年收购的雪豹皮约20～30张。在新疆维吾尔自治区伊犁哈萨克自治州，1955—1965年间雪豹皮张贸易量达到平均每年30张，其中1965年一年就高达135张（张大铭，1985）。

环境调查协会（Environmental Investigation Agency，EIA）总结了亚洲非法野生动物贸易的结果显示，2000年以来，12个雪豹分布国共缴获了151张雪豹皮。据估计，海关查出的案件只占实际数量的10%左右。依此推算，2000—2012年间可能有多达1000起雪豹个体非法交易，占全球雪豹种群的1/6左右（EIA，2012）。一项最新的研究显示，2003—2014年间，除哈萨克斯坦之外的11个雪豹分布国，共发现88起非法交易，涉及439只雪豹，占全球雪豹种群的8.4%～10.9%，我国占其中的50%（222只雪豹）（Maheshwari et al., 2018）。尽管各国野生动物执法和犯罪控制力度显著加强，但与1993—2002年相比，2003—2012年间雪豹贸易依然增长了61%。EIA的调查指出，长期以来，甘肃临夏一直是动物皮毛的交易中心，曾聚集8万人之众（现线下交易已消失，是否转移到线上交易尚不可知。）。交易者声称所售卖的亚洲大型猫科动物皮毛来自阿富汗、缅甸、中国、印度、蒙古国、巴基斯坦、俄罗斯和越南（EIA，2008）。

Li等（2014）收集了中国2000—2013年的雪豹猎杀案例，共有43起，涉及至少98只雪豹。该研究指出，早期雪豹制品交易主要集中于雪豹猎杀所发生的省份中；从2010年开始，市场开始向中国更加富裕的沿海城市扩张，贸易也向奢侈品方向转变。通过在三江源地区进行的半结构化访谈，他们估计该地区每年约有 11 只雪豹被杀，占当地雪豹种群的 1.2%。新疆雪豹研究小组（XSLT）2002—2012 年间通过暗访和问卷调查，收集到 387 起新疆的雪豹及其制品的市场交易与盗猎信息，其中由于私人对骨肉皮毛等雪豹身体部位的需求而产生的交易占一半以上（47%～51%），为科研和博物馆收藏而杀死的雪豹案例占 23%，为动物园收集动物进行的捕获为 16%；同一研究还显示，1960—2010 年间盗猎贸易呈增加趋势（Ma，2012）。2018 年在乌鲁木齐市近郊的南山地区，保护人员在野外仍会收缴到捕兽夹，红外相机监测也记录到因捕兽夹而导致前肢受伤的雪豹个体（荒野新疆提供）。

对应保护措施：打击盗猎和非法贸易，一方面需要加强在雪豹栖息地的巡护工作，同时也需要联合海关、工商、公安等部门加强检查和执法。

动物园和博物馆的活体收集

评分：全国 0.5；西藏 0.0；新疆 1.0；青海 1.0；四川 0.0；甘肃 1.3。

动物园对活体雪豹的需求，以及博物馆对标本的需求，有带来猎捕野生雪豹的潜在可能。廖炎发 1985 年的调查显示，西宁人民公园在 1968—1984 年 17 年间共收购从野外捕获的雪豹 73 只（廖炎发，1985）。马鸣则报道了在新疆维吾尔自治区范围内 60 起为动物园展览而进行的雪豹捕捉以及 25 件用作博物馆展览的标本（Ma，2012）。当地群众遇到误闯人类领地、生病的或者落单的雪豹时，往往不知如何处理，可能会通过林业系统联系动物园。这种处理方式可能使这些雪豹丧失了潜在的野外放归的机会。博物馆的标本收集也可能帮助当地人转卖掉手中的雪豹尸体，无意中刺激报复性猎杀和盗猎（山水自然保护中心提供信息）。

针对其他物种下毒、下套等导致的误杀

评分：全国 3.2；西藏 0.0；新疆 5.0；青海 4.7；四川 5.0；甘肃 9.1。

图 4-2　虽然大部分时候雪豹并不是盗猎的主要目标，但是它们仍然会受到陷阱、猎套等威胁

摄影：董磊/影像生物调查所（IBE）、北京大学自然保护与社会发展研究中心、山水自然保护中心、阿拉善SEE 基金会、青海省三江源国家级自然保护区管理局联合项目支持拍摄

　　在雪豹栖息地范围内针对其他野生动物（或没有针对性地）下毒或设置陷阱，同样可能造成雪豹的死亡或受伤（图 4-2）。如青海省通天河沿岸用来抓捕马麝的陷阱，就对雪豹产生了严重的威胁。2014 年冬季，当地村民在一个山谷中找到数百个设置在柏树林中的铁丝脖套，雪豹和其他动物很难避开（山水自然保护中心提供信息）。一些当地人捕杀狼的毒药和陷阱也会杀死雪豹（Li et al.，2013）。在四川省西部，有很多针对林麝或白唇鹿的猎套，尤其是雅江县的猎套密度高到惊人（山水自然保护中心访谈信息）。此外，一些当地居民在开辟、维持高山牧场时，往往会对非特定的大型食肉动物下毒"清场"，对雪豹造成很大威胁（北京大学李晟提供信息）。

　　对应保护措施：加强在雪豹栖息地的巡护，以及在地社区的宣传教育，有助于缓解这一威胁。

雪豹疾病

评分：全国 1.6；西藏 0.0；新疆 3.0；青海 2.0；四川 3.0；甘肃 2.0。

极少有记录表明野生雪豹死亡是由于疾病引起的，因此很难评估这项威胁的严重程度。但与盗猎类似，传染病导致的死亡很容易被低估。雪豹栖息地太过险峻，研究人员很难发现或调查死亡事件。传染病可能是雪豹种群的固有特征，但随着压力增加和家养食肉动物的扩散，传染病的影响增大，特别是当雪豹种群数量下降时（Ostrowski et al.，2016）。犬瘟病毒对野生豹亚科动物影响极大。圈养雪豹中出现过两例，都与其他病原体同时感染（Fix et al.，1989；Silinski et al.，2003）。由炭疽杆菌引起的炭疽病，曾在非洲造成野生猫科动物的死亡，大部分雪豹分布区也报道过这种疾病。2011 年 4 月，一只带有监测项圈的雪豹死在蒙古国的戈壁沙漠；虽然研究人员没有对这只雪豹进行确定性的病理学检测，而且炭疽病在蒙古国的这一区域也不流行，不过可以从症状推测其死因为炭疽病：死亡雪豹的颈部有明显水肿，鼻腔有未凝结的带血分泌物（K. Suryawanshi，个人交流）。

寄生虫可能是引发雪豹疾病乃至死亡的一个诱因，中国农业大学的安妮从青海省三江源地区收集了 29 份野生雪豹粪便样本，寄生虫检出率为89.66%。寄生虫种类包括猫等孢球虫、毛滴虫、猫弓首蛔虫、狮弓蛔虫、钩虫、棘球绦虫或带绦虫、丝状网尾线虫、分体吸虫、前后盘吸虫（安妮，2016）。2016—2017 年，青海三江源地区救助的两只雪豹活体和牧民报告的三具雪豹尸体，经兽医检验都不是由传染性疾病致病（山水自然保护中心提供信息）。

威胁类别 2：栖息地与猎物相关威胁

栖息地退化

评分：全国 5.6；西藏 4.0；新疆 6.5；青海 6.7；四川 7.0；甘肃 7.3。

雪豹的生存繁衍依赖于其所栖居的高山—亚高山生态系统，而此类生态系统本身相对脆弱，易受外界扰动而发生退化。雪豹栖息地与畜牧业分布区高度重叠，而目前全球草场的状况不容乐观，将近一半呈轻度到中度退化，5%重度退化（Brown，2008）；过度放牧及不合理利用往往是主要原因。中国雪豹分布区也面临着草地沙漠化和草场退化的威胁（Harris，2010；Wang et al.，2015）。这直接影响到雪豹的野生猎物种群，从而限制雪豹种群的健康发展。

对应保护措施：加强放牧管理，引入替代生计，可以减轻过度放牧带来的栖息地退化。

栖息地破碎化

评分：全国 5.5；西藏 3.0；新疆 6.0；青海 8.0；四川 8.5；甘肃 8.9。

雪豹的分布区往往寒冷干旱，单位面积生产力较低，因此雪豹往往需要较大的家域以维持足够的猎物，过于破碎化的小面积栖息地很难支持雪豹长期生存。雪豹主要利用的高山地形本身就可能由于不相连接而具有较强的破碎化倾向，自然状态下雪豹也会利用低海拔相对平坦的地形进行迁移，而当这些地区被人类活动占据时，雪豹就有可能被困在"生态孤岛"上，比如川西、疆北等被人类聚居地包围的孤立山峰。

围栏和道路等线性障碍会加剧破碎化，导致各地雪豹及猎物种群被隔离，遗传多样性下降，增大孤立小种群的灭绝风险（图 4-3）。中国与西部各国的边境区域存在大量雪豹栖息地。大中型野生兽类几乎没有可能穿越边境围栏。在我国新疆与蒙古国接壤的阿尔泰山脉地区，边境围栏完全阻隔雪豹的迁移，

图4-3 公路、铁路等交通线可能阻碍雪豹迁移，对小型动物的威胁更大

摄影：徐健/影像生物调查所（IBE）、北京大学自然保护与社会发展研究中心、山水自然保护中心、阿拉善
SEE基金会、青海省三江源国家级自然保护区管理局联合项目支持拍摄

导致国内的阿尔泰雪豹种群岌岌可危（WWF提供信息）。牧场上用来划清产权的围栏也同样会阻碍野生有蹄类动物的迁移。Xu等（2008）认为，铁丝围栏使得栖息地片段化，影响了野生有蹄类动物生存，也是青海省昆仑山沟里地区雪豹种群的潜在威胁。李娟（2012）通过廊道分析发现，昆仑山和祁连山的雪豹种群可能受到青藏公路和青藏铁路的阻隔；而阿尔泰山和天山的雪豹种群同样如此，在新疆东天山区域，通往乌鲁木齐的国道和铁路阻隔了乌鲁木齐南山和博格达峰之间的雪豹种群交流，而阿拉山口处修建的公路可能阻断了东天山与准噶尔界山之间雪豹迁徙的唯一通道（荒野新疆提供信息）。

对应保护措施：有效地规划、管理大型工程项目，可以降低这些人类活动带来的栖息地破碎化。

盗猎和误杀导致的野生猎物种群减少

评分：全国 4.1；西藏 0.0；新疆 7.5；青海 4.3；四川 8.0；甘肃 9.2。

野生猎物构成了雪豹的主要食物来源（刘楚光 等，2003；李娟，2012）；野生猎物数量不足会威胁雪豹的生存（图 4-4），也可能引起雪豹等食肉动物更频繁地捕食家畜，带来报复性猎杀等问题。

由于缺少法律保护，岩羊曾遭到大量猎杀，供当地牧民食用以及出口。从 1958 年起，青海省每年平均出口 100 000 ~ 200 000 kg 的岩羊肉（Schaller et al.，1988）。2000 年前后，民间枪支上缴，对岩羊等雪豹猎物的有意捕杀几乎消失。但是川西地区仍存在当地群众或外来人员设置的猎套，有些是针对岩羊，更多是针对鹿和麝（鹿角、鹿茸、麝香的收集）。巴塘县还存在公务人员持枪

图 4-4　岩羊等雪豹的野生猎物种群由于人类活动而减少，也会影响到雪豹的生存

供图：山水自然保护中心、北京大学自然保护与社会发展研究中心

盗猎的现象，不是出于经济目的，而是为了娱乐、收藏、食用野味等"战利品狩猎"（山水自然保护中心访谈信息）。

对应保护措施：加强巡护及在地社区的宣传教育，有助于降低此项威胁的影响。

家畜竞争导致的野生猎物种群减少

评分：全国 6.1；西藏 5.0；新疆 7.0；青海 5.3；四川 10.0；甘肃 7.8。

由于雪豹分布区与牧区重叠度很高，放牧的家畜与作为雪豹主要猎物的野生有蹄类动物的竞争很普遍，这可能导致雪豹野生猎物数量的下降，特别是在畜载量过大及过度放牧的情况下。而当雪豹转而捕猎家畜时，则可能引起报复性猎杀等问题。

关于家畜和雪豹的野生猎物之间的竞争关系，国内外已经开展过大量研究。Mishra 等（2004）在拉达克斯皮蒂峡谷的研究发现，重度放牧的草场地上生物量低，岩羊密度和冬季前后的幼母比显著降低。Suryawanshi 等（2010）的研究发现，在家畜密度较高的地区，岩羊冬季被迫改变食性，吃更多的双子叶植物，而且春季幼母比大为降低。肖凌云（2017）在三江源地区的研究却发现，家畜对岩羊没有造成显著的密度或幼母比下降。但新疆的北山羊会明显避开赶羊人的活动区域（荒野新疆提供信息）。这可能是有无牧羊人跟随导致的差异。在四川卧龙保护区，过度放牧对当地野生有蹄类动物造成了威胁，可能威胁到当地的雪豹种群（北京大学李晟提供信息）。

对应保护措施：加强放牧管理，引入替代生计，有助于改善此情况。

疾病导致的野生猎物种群减少

评分：全国 4.3；西藏 0.0；新疆 12.0；青海 3.0；四川 3.0；甘肃 3.8。

疥螨、口蹄疫、小反刍兽疫等传染性疾病可能导致雪豹的野生猎物在短时间内迅速减少。而由于雪豹分布区家畜侵占野生动物栖息地的情况很普遍，家畜很可能是野生有蹄类动物感染蔓延的源头，应成为疾病监测的首要目标。家畜还会迫使野生有蹄类动物向山上迁移，进入生存压力更大的次优栖息地，使得疾病造成的影响更为恶劣（Ostrowski et al.，2016）。2007 年，巴基斯坦北部的岩羊种群爆发了一场疥螨，导致上百只岩羊死亡。2007 年 7—11 月，西藏西南部爆发了一场小反刍兽疫感染，主要影响山羊和绵羊（Wang et al.，2009）；到 2007 年 10 月，家畜和岩羊均爆发致命性小反刍兽疫（Bao et al.，2011）。2014—2016 年，新疆东天山区域爆发小反刍兽疫，导致大量北山羊死亡（荒野新疆提供信息）。

威胁类别 3：政策和认知相关的威胁

缺乏适当政策

评分：全国 4.7；西藏 0.0；新疆 8.5；青海 7.0；四川 7.0；甘肃 8.1。

雪豹及其栖息地长期有效的保护需要适当政策的支持才可能得以实现（图 4-5），在整个雪豹分布范围内，此方面的工作均有待加强。一方面，一些重要的保护工作和影响雪豹的威胁因素尚无相关政策法规与之对应；另一方面，一些已经出台的法规由于种种原因，不仅不足以支持保护工作，甚至与其初衷背道而驰。例如，国家投资巨大的退牧还草工程，大量资金用于围栏建设，本意是通过产权划分避免"公地悲剧"，通过划分轮休牧场和禁牧草地来恢复退化的草场、保护生物多样性，但大量修建的围栏非但没有促进草地的保护，反而在某些地区加剧了草场退化（Li et al.，2017），还可能威胁野生动物的生存。

这种状况很大程度上是源自认知上的缺失：一方面对雪豹的研究和相关数据尚不充分，另一方面是因为对已知信息的宣传、沟通不足，导致政策法规的制定缺乏知识基础。

图 4-5 雪豹及其栖息地长期有效的保护需要适当政策的支持才可能得以实现。玉树地震后民政部门在重建方面提供了极大的帮助，更多适当的政策有助于改善当地牧民和雪豹的境况

摄影：徐健 / 影像生物调查所（IBE）、北京大学自然保护与社会发展研究中心、山水自然保护中心、阿拉善SEE 基金会、青海省三江源国家级自然保护区管理局联合项目支持拍摄

对应保护措施：通过完善保护规划、政策建议等方式，可以改善此情况。

政策实施不力

评分：全国 5.4；西藏 0.0；新疆 10.0；青海 7.7；四川 9.0；甘肃 7.7。

一些法律、法规及政策确实有利于雪豹保护，但却可能由于资金、人力、交通等条件限制而实施不力，甚至存在完全无法正确实施的情况，如针对盗猎和非法贸易的执法。雪豹分布区大都地处偏远、交通不便，且分布区人口相对比较贫困（Mishra et al., 2003），这些都给政策法规的有效实施带来了挑战。Chen 等人（2016）描述了西藏自治区的野生动物肇事补偿政策在实施中出现的具体问题。青海省也存在类似的问题（山水自然保护中心提供信息）。即使政府有补偿资金可供申请，但由于事发地点大多交通、通信不便，很多情况下，群众很难在规定时间内完成上报审核手续，不得不放弃申领补偿。

缺乏跨境合作

评分：全国 5.0；西藏 0.0；新疆 13.5；青海 0.7；四川 11.0；甘肃 3.6。

雪豹栖息地沿各大山系分布，并不以行政单元为边界；然而各地建立保护区、实施保护政策时却往往以行政单元为界，跨保护区、跨行政边界的合作较为困难。保护区边界以外或省界地区，往往由于地处偏远而疏于管理，成为盗猎等违法、违规活动的高发区。在一国之内，两省（区）之间都很难制定并实施统一的保护规划，更勿论跨国界的合作。推动跨省联动的巡护与反盗猎机制，是应对该问题的主要策略。横跨青海、甘肃两省的祁连山雪豹国家公园是在此方面的一个新尝试。UNDP-GEF 支持的吉尔吉斯斯坦、哈萨克斯坦和中国三国交界处的中天山地区雪豹景观保护项目，也是跨国合作的一次尝试。

保护部门力量不足

评分：全国 9.5；西藏 6.0；新疆 13.5；青海 9.7；四川 13.5；甘肃 10.2。

保护部门力量不足体现在两个方面：其一，是保护地的覆盖不足。雪豹栖息地范围广大，很难被现有的保护地所覆盖。未被纳入保护地的雪豹栖息地，往往不能被现有保护力量所顾及。

其二，作为目前国家开展自然保护工作主体的自然保护区，其能力不足会极大地影响保护措施的落实。雪豹栖息地所在的保护区，往往面临资金、人力不足的限制，也缺乏系统、有针对性的技能培训，这极大限制了保护单位开展雪豹及伴生物种的调查、监测与保护工作。四川的保护区的保护能力算是走在全国前列，但只有几个国家级的大熊猫保护区的工作人员得到了较为良好的技能培训，可以独立地开展此类工作（图4-6），然而四川的雪豹栖息地大多分布在熊猫保护区外。西藏、青海等省（区）保护区地域辽阔，人力极度缺乏，几乎不可能靠保护区人员完成当地的雪豹调查。

对应保护措施：加强保护部门能力建设可以针对性地改善此状况，社区保护项目也可以作为现有保护地的有益补充。

当地社区认知缺乏

评分：全国6.8；西藏4.0；新疆10.5；青海7.0；四川7.5；甘肃8.3。

雪豹分布区社区居民参与保护、配合保护工作是确保雪豹保护工作成功的关键因素。目前在中国的雪豹分布区内，绝大多数基层群众知道雪豹是保护动

图4-6 调查监测和巡护是雪豹保护的基础，然而许多保护单位都面临着保护力量不足的问题。四川的保护区的保护能力走在全国前列

摄影：周刚；供图：卧龙国家级自然保护区、北京大学野生动物生态与保护研究组

物，知道杀死雪豹是违法的，也普遍具有朴素的生态观念。但长期以来，在生计压力和现行保护管理体制下，群众没有机会深度参与家乡的保护工作，对野生动物往往持负面态度，基层内生的保护力量极其缺乏。在监管或补偿措施不到位的情况下，负面态度有可能快速转化为报复性猎杀或其他破坏自然栖息地的行为，对雪豹保护造成重大威胁。

对应保护措施：在地社区的宣传教育活动。

威胁类别 4：其他威胁

气候变化

评分：全国 8.0；西藏 8.0；新疆 10.0；青海 7.3；四川 6.0；甘肃 7.5。

由人类活动引起的全球气候变暖已成为科学界的共识。联合国政府间气候变化专门委员会评估指出，亚洲山区受到气候变化的影响比较突出（Bernstein et al.，2007）。李娟等人对雪豹栖息地的分析发现，随着气候变暖，雪豹栖息地向更高纬度和更高海拔变迁，横断山和喜马拉雅山的很多区域将可能不再适宜雪豹生存，全球雪豹栖息地破碎化进一步加剧（Li et al.，2016）。气候变化对冻土（Xue et al.，2009；Yang et al.，2018）、冰川（Yao et al.，2013）（图 4-7）、草甸（Yu et al.，2010；Lehnert et al.，2016；Klein et al.，2007）产生的影响十分深远，进而影响逐水草而居的有蹄类动物（Luo et al.，2015）和当地牧民（Vince，2010），这些都会最终影响到雪豹等顶级食肉动物的生存。

人口增长和贫困

评分：全国 6.3；西藏 4.0；新疆 7.0；青海 7.3；四川 13.5；甘肃 5.5。

人口增长及贫困、栖息地过度利用等问题，与生物多样性保护通常紧密关联（Adams et al.，2004）。生物多样性保护必须考虑社会问题，以实现社会

图 4-7　高寒生态系统面临气候变化的威胁极为严峻，图片中阿尼玛卿冰舌后退便是一个例子

摄影：董磊／影像生物调查所（IBE）、北京大学自然保护与社会发展研究中心、山水自然保护中心、阿拉善SEE 基金会、青海省三江源国家级自然保护区管理局联合项目支持拍摄

发展与生态系统保护的双赢；从 20 世纪 80 年代开始，这已逐渐成为保护工作的主流模式（McShane et al.，2004）。在雪豹分布区内，人口增长与贫困问题会导致对草场的过度利用、野生有蹄类动物减少、人兽冲突激化等一系列问题（Mishra et al.，2001，2003）。因此，无论是政府还是非政府组织，针对扶贫、生态补偿、替代生计、技能培训等方面的投入，都在保护工作中占很大比重。

流浪狗袭击雪豹及其猎物

评分：全国 3.7；西藏 3.0；新疆 1.5；青海 8.3；四川 5.0；甘肃 2.4。

自由放养犬、无主流浪狗及野狗（即未保持拴养或未处于饲主监控下的狗，无论是否有固定饲主）占全球犬只数量的 75%（WSPA，2011）。它们繁殖力旺盛、适应能力强。如果没有妥善管理，当犬只进入自然区域，与野生动物接触增多，它们可能成为捕食者、猎物以及资源竞争者（Butler et al.，2004），甚至可能主宰当地的生态系统（Wandeler et al.，1993）。由于藏獒市场崩溃，青藏高原上的流浪狗越来越多地出现在雪豹的栖息地内。当地牧民常目击到野犬与雪豹争夺食物资源，甚至对雪豹进行直接骚扰；同时，作为疾病携带者和传播者，流浪狗给整个食肉动物群落带来潜在威胁（北京大学刘铭玉提供的未发表信息），相关的研究正在进行中。

虫草／草药采集造成的干扰

评分：全国 1.6；西藏 0.0；新疆 0.0；青海 4.7；四川 7.0；甘肃 1.3。

在虫草产区，虫草采挖季节，大量外来人员涌入雪豹栖息地。除采挖活动直接干扰雪豹及其猎物种群外，外来人员还可能盗猎野生动物。如四川省洛须县的真达乡，每年虫草季节均会有少量盗猎（山水自然保护中心访谈信息）。虫草采挖季节与雪豹产崽季时间重叠，每年都有虫草采挖人员发现雪豹窝的事件。天性敏感的带崽雪豹可能会因为巢址暴露而搬迁，增大了幼崽被其他食肉动物捕食的风险。

有些地区居民对高山中药材（如贝母、羌活等）的采集较为严重；加之采药者砍烧火柴用于煮饭和炕药材，大量破坏高山草甸的地表植被，可能导致岩羊等雪豹猎物的数量减少。

大规模发展项目

评分：全国 4.6；西藏 3.0；新疆 7.0；青海 3.3；四川 6.0；甘肃 8.0。

在雪豹分布区内，基础设施建设普遍发展迅速，尤其在印度、中国、俄

图4-8 随着交通便利化、当地居民生活现代化程度升高，垃圾等环境问题也逐渐凸显

摄影：董磊/影像生物调查所（IBE）、北京大学自然保护与社会发展研究中心、山水自然保护中心、阿拉善SEE基金会、青海省三江源国家级自然保护区管理局联合项目支持拍摄

罗斯和哈萨克斯坦等经济高速发展的国家，这些建设的施工活动本身无可避免地对雪豹及其猎物造成干扰，工程完工后则可能会改变雪豹栖息地状况（图4-8）。在新疆，一些大型交通建设项目阻隔雪豹栖息地，干扰效应明显。近几年，新疆有多个正在实施或计划中的公路及铁路项目横跨天山，施工活动直接改变了雪豹的栖息地利用，使得红外相机连续几个月捕捉不到雪豹影像（荒野新疆提供信息）。旅游开发同样可能造成威胁。在四川，地方政府正在加大旅游设施建设，游客数量增加，原先连片的雪豹栖息地被不同程度地分割开来，种群交流机会减少。2017年当地保护区对四川小金双桥沟、长坪沟、海子沟等雪豹栖息地的红外相机监测发现，60台红外相机中只有一个位点获取了一张雪豹影像资料（卧龙保护区提供信息）。

矿产与水电开发

评分：全国 3.8；西藏 1.0；新疆 5.0；青海 6.3；四川 4.5；甘肃 8.3。

与大规模发展项目类似，矿产、水电的开发也会从不同层面影响雪豹及其栖息地（图 4-9）。中国、蒙古国、吉尔吉斯斯坦、俄罗斯和塔吉克斯坦等雪豹分布国的矿产、天然气和石油资源丰富（Baker et al.，2010）。蒙古国南部戈壁以及我国青藏高原和其他地区有分散但广泛分布的小规模金矿。矿业开采活动直接破坏雪豹赖以生存的裸岩石山，还因为道路发展给原本偏远的地区带来了盗猎风险等新的威胁（Wingard et al.，2006）。新疆天山地区随处可见的矿业开采活动使当地雪豹种群更加破碎，给当地雪豹带来了相当大的威胁。所幸

图 4-9　雪豹栖息地所代表的高寒山地生态系统相对脆弱，在这些区域矿产、水电等大型工程的破坏性更严重

摄影：徐健/影像生物调查所（IBE）、北京大学自然保护与社会发展研究中心、山水自然保护中心、阿拉善SEE 基金会、青海省三江源国家级自然保护区管理局联合项目支持拍摄

的是，近年来，环保督查活动大大遏制了这类活动的发展。

天然气和石油管道将天山地区的雪豹栖息地一分为二，包括哈萨克斯坦—中国边界区域到乌鲁木齐和兰州的天然气管道（编号 G19，G31，G10），以及被提议的到塔里木盆地的路线将会分割雪豹的南北部栖息地（Snow Leopard Network，2013）。

◎ 威胁评分及讨论

总体而言，"政策和认知相关的威胁"及"栖息地与猎物相关威胁"的评级较高，"对雪豹的直接猎杀或抓捕"的评级较低。这反映了近年来中国在雪豹栖息地巡护、执法、普法等方面取得的长足进步（图 4-10），有效控制了该项直接威胁。通过加权各省（区）评分，我们获得了全国威胁评分排序，得分最高的四大威胁为：保护部门力量不足、气候变化、当地社区认知缺乏及人口增长和贫困（并列第三）。专家对气候变化、人口增长和大规模开发活动所造成的潜在影响表示担忧。另外，"缺乏科学调查和相关认知"成为中国雪豹保护的全局性短板。

第一大类威胁（对雪豹的直接猎杀或抓捕）中，报复性猎杀得分最高；第二大类威胁（栖息地与猎物相关威胁）中，家畜竞争导致的野生猎物种群减少得分最高。这在一定程度上说明当地社区的工作尚需加强。第三大类威胁（政策和认知相关的威胁）中，几乎所有评分者都将保护部门力量不足排在首位；而第四大类威胁（其他威胁）中，气候变化得分最高。专家普遍认为"矿产与水电开发"威胁程度较低。在某种程度上，此结果反映了党的十八大以来，国家对生态红线管理、生态文明建设高度重视和巨大投入所带来的积极成效。

各雪豹分布省（区）的具体威胁因素情况又各具特点，并不完全反映于全国威胁评分中。一方面，一些全国范围内不严重的问题可能在某一省份相对突出，比如甘肃省盗猎和非法贸易仍是主要的威胁因素，四川省在人口增长和贫困方面的评分则远高于全国平均水平；另一方面，一些威胁因素仅限于个别区域，尚未在其他省份造成可观的影响，如虫草采集活动。我们强烈建议保护工作者在明确当地雪豹所受到的威胁时，要参考所在省份的情况（请参见第六章），具体到某个雪豹栖息地／保护区，其具体威胁情况可能又会受到自身条件影响而具有特殊性。

需要注意的是，上述这些威胁往往并不是孤立存在的，而是彼此相关联的。比如报复性猎杀、家畜竞争导致的野生猎物种群减少、栖息地退化都与当

图4-10　近年来，中国在雪豹栖息地巡护、执法、普法等方面取得了长足进步，降低了雪豹生存的威胁。图为在栖息地游荡的两只雪豹。通常成年雪豹保持独居，但2～5只的雪豹群体也会在交配季节或母豹带崽时出现

供图：山水自然保护中心、北京大学自然保护与社会发展研究中心

地牧民的生产生活直接相关，这些因素又与当地社区认知缺乏甚至人口增长和贫困相关，因此在设计、规划和实施与威胁相对应的保护行动时，需要综合考虑这些情况。

2013 年发布的《中国雪豹保护行动计划（内部审议稿）》识别出中国雪豹面临的四大威胁，即"放牧活动导致的栖息地质量退化""气候变化和野生动物疾病""非法矿业开采和不合理的道路建设"以及"针对雪豹猎物的盗猎"；同时指出影响保护成效的五大问题，包括"自然保护区针对雪豹分布区的覆盖不足""基层保护机构能力不足""雪豹种群及栖息地数据不足""公众宣传教育开展不足""雪豹肇事补偿标准较低"。虽然我们在编写本书时，为了能够更全面地介绍雪豹生存所面临的威胁而采用了与之不同的分类框架，但通过对比不难发现，"栖息地退化""气候变化""基层保护能力不足""调查研究不足""社区保护动力和能力不足/社区认知不足"均被认为是主要的威胁因素或重要问题。这表明这些领域的工作尚需进一步加强。因此，未来保护资源配置应优先考虑这些重要且紧急的领域，资源投入方式应做出适当调整。

在本章的最后值得指出的是，威胁评分带有一定的主观性，也受到现阶段调查研究所能够提供的信息限制。随着调查研究的深入带来更多的信息，以及雪豹栖息地自然情况及社会经济情况的发展，相关政策法规的落实和保护工作的开展，可能使我们对雪豹生存威胁因素的认知有所变化。加之前面提到的具体区域可能存在的特殊性，我们建议保护工作者在工作中以本章所介绍的威胁因素情况为参考，对具体情况进行具体分析。

◎ 参考文献

ADAMS W M, AVELING R, BROCKINGTON D, et al, 2004. Biodiversity conservation and the eradication of poverty[J]. Science, 306(5699): 1146-1149.

ALEXANDER J, CHEN P, DAMERELL P, et al, 2015. Human wildlife conflict involving large carnivores in Qilianshan, China and the minimal paw-print of snow leopards[J]. Biological conservation, 187: 1-9.

BAKER M S, ELIAS N, GUZMÁN E, et al, 2010. Mineral facilities of Asia and the Pacific[R]. (2012-09-11) [2019-04-25].http://pubs.usgs.gov/of/2010/1254/.

BAO J, WANG Z, LI L, et al, 2011. Detection and genetic characterization of peste despetits ruminants virus in free-living bharals (*Pseudois nayaur*) in Tibet, China[J]. Research in veterinary science, 90(2): 238-240.

BERNSTEIN L, BOSCH P, CANZIANI O, et al, 2008. AR4 climate change 2007: synthesis report. [2019-08-30]. https://www.ipcc.ch/report/ar4/syr/.

BROWN L R, 2008. Plan B 3.0: mobilizing to save civilization (substantially revised)[M]. New York:W W Norton & Company.

BUTLER J R A, DU TOIT J T, BINGHAM J, 2004. Free-ranging domestic dogs (*Canis familiaris*) as predators and prey in rural Zimbabwe: threats of competition and disease to large wild carnivores[J]. Biological conservation, 115(3): 369-378.

CHEN P, GAO Y, LEE A T L, et al, 2016. Human–carnivore coexistence in Qomolangma (Mt. Everest) Nature Reserve, China: patterns and compensation[J]. Biological conservation, 197: 18-26.

EIA, 2008. Skin deep: the need for effective enforcement to combat the Asian Big Cat skin trade. Brussels: Briefing for the 57th Meeting of the CITES Standing Committee FIC Europe.

EIA, 2012. Briefing on snow leopards in illegal trade — Asia's forgotten cats. Briefing prepared for the 2nd Asian Ministerial Conference on Tiger Conservation.

Bhutan.

FIX A S, RIORDAN D P, HILL H T, et al, 1989. Feline panleukopenia virus and subsequent canine distemper virus infection in two snow leopards (*Panthera uncia*)[J]. Journal of zoo and wildlife medicine, 273-281.

HARRIS R B, 2010. Rangeland degradation on the Qinghai-Tibetan plateau: a review of the evidence of its magnitude and causes[J]. Journal of arid environments, 74(1): 1-12.

KLEIN J A, HARTE J, ZHAO X Q, 2007. Experimental warming, not grazing, decreases rangeland quality on the Tibetan Plateau[J]. Ecological applications, 17(2): 541-557.

LEHNERT L W, WESCHE K, TRACHTE K, et al, 2016. Climate variability rather than overstocking causes recent large scale cover changes of Tibetan pastures[J]. Scientific reports, 6: 24367.

LI L, FASSNACHT F E, STORCH I, et al, 2017. Land-use regime shift triggered the recent degradation of alpine pastures in Nyanpo Yutse of the eastern Qinghai-Tibetan Plateau[J]. Landscape ecology, (8):1-17.

LI J, LU Z, 2014. Snow leopard poaching and trade in China 2000—2013[J]. Biological conservation, 176: 207-211.

LI J, MCCARTHY T M, WANG H, et al, 2016. Climate refugia of snow leopards in High Asia[J]. Biological conservation, 203: 188-196.

LI J, YIN H, WANG D, et al, 2013. Human-snow leopard conflicts in the Sanjiangyuan Region of the Tibetan Plateau[J]. Biological conservation, 166: 118-123.

LUO Z, JIANG Z, TANG S, 2015. Impacts of climate change on distributions and diversity of ungulates on the Tibetan Plateau[J]. Ecological applications, 25(1):

24-38.

MA M, 2012. Market prices for the tissues and organs of snow leopards in China[J]. Selevinia, 516, 119-122.

MAHESHWARI A, NIRAJ S K, 2018. Monitoring illegal trade in snow leopards: 2003—2014[J]. Global ecology and conservation, 14: e00387.

MCCARTHY T M, CHAPRON G, 2003. Snow leopard survival strategy[J]. Seattle: International Snow Leopard Trust and Snow Leopard Network, 105.

MCSHANE T O, WELLS M P, 2004. Getting biodiversity projects to work: towards more effective conservation and development[M]. Columbia: Columbia University Press.

MISHRA C, PRINS H H T, VAN WIEREN S E, 2001. Overstocking in the Trans-Himalayan rangelands of India[J]. Environmental conservation, 28(3): 279-283.

MISHRA C, ALLEN P, MCCARTHY T O M, et al, 2003. The role of incentive programs in conserving the snow leopard[J]. Conservation biology, 17(6): 1512-1520.

MISHRA C, VAN WIEREN S E, KETNER P, et al, 2004. Competition between domestic livestock and wild bharal *Pseudois nayaur* in the Indian Trans - Himalaya[J]. Journal of applied ecology, 41(2): 344-354.

OLI M K, TAYLOR I R, ROGERS M E, 1994. Snow leopard *Panthera uncia* predation of livestock: an assessment of local perceptions in the Annapurna Conservation Area, Nepal[J]. Biological conservation, 68(1): 63-68.

OSTROWSKI S, GILBERT M, 2016. Diseases of free-ranging snow leopards and primary prey species[M].// MCCARTHY T, MALLON D. Snow leopards. San Diego:Academic Press,97-112.

RIORDAN P, SHI K, 2016. Current state of snow leopard conservation in China[M].// MCCARTHY T, MALLON D. Snow leopards. San Diego:Academic Press, 523-531.

SALAFSKY N, MARGOLUIS R, 1999. Threat reduction assessment: a practical and cost - effective approach to evaluating conservation and development projects[J]. Conservation biology, 13(4): 830-841.

SCHALLER G B, JUNRANG R, MINGJIANG Q, 1988. Status of the snow leopard *Panthera uncia* in Qinghai and Gansu Provinces, China[J]. Biological conservation, 45(3): 179-194.

SILINSKI S, ROBERT N, WALZER C, 2003. Canine distemper and toxoplasmosis in a captive snow leopard (*Uncia uncia*)–a diagnostic dilemma[J]. Verh ber Erkrg Zootiere, 41: 107-111.

Snow Leopard Network, 2013. Snow leopard survival strategy. Version 2013 [M/OL]. Snow Leopard Network. [2019-04-20].http://www.snowleopardnetwork.org.

Snow Leopard Working Secretariat, 2013. Global snow leopard and ecosystem protection program[M]. Bishkek: Snow Leopard Working Secretariat.

SOLOMON S, QIN D,MANNING M, et al, 2007. Climate change 2007: the physical science basis[M]. Cambridge：Cambridge University Press.

SURYAWANSHI K R, BHATNAGAR Y V, MISHRA C, 2010. Why should a grazer browse? Livestock impact on winter resource use by bharal *Pseudois nayaur*[J]. Oecologia, 162(2): 453-462.

VINCE G, 2010. A Himalayan village builds artificial glaciers to survive global warming[J/OL]. Scientific American.[2019-4-25]. https://www.scientificamerican.com/article/artificial-glaciers-to-survive-global-warming/?redirect=1.

WANDELER A I, MATTER H C, KAPPELER A, et al, 1993. The ecology of dogs and canine rabies: a selective review[J]. Rev sci tech, 12(1): 51-71.

WANG Z, BAO J, WU X, et al, 2009. Peste des petits ruminants virus in Tibet, China[J]. Emerging infectious disease, 15, 299–301.

WANG P, LASSOIE J P, MORREALE S J, et al, 2015. A critical review of socioeconomic and natural factors in ecological degradation on the Qinghai-Tibetan Plateau, China[J]. The rangeland journal, 37(1): 1-9.

WINGARD J R, ZAHLER P, 2006. Silent steppe：the illegal wildlife trade crisis in Mongolia[R/OL].[2019-04-25]. https://www.researchgate.net/publication/305044301_Silent_Steppe_the_Illegal_Wildlife_Trade_Crisis_in_Mongolia.

WSPA, 2011. World animal protection[EB/OL]. [2019-04-25].http://www.wspa.org.uk/wspaswork/dogs/strayanimals/.

XU A, JIANG Z, LI C, et al, 2008. Status and conservation of the snow leopard *Panthera uncia* in the Gouli Region, Kunlun Mountains, China[J]. Oryx, 42(3): 460-463.

XUE X, GUO J, HAN B, et al, 2009. The effect of climate warming and permafrost thaw on desertification in the Qinghai–Tibetan Plateau[J]. Geomorphology, 108(3-4): 182-190.

YANG Y, HOPPING K A, WANG G, et al, 2018. Permafrost and drought regulate vulnerability of Tibetan Plateau grasslands to warming[J]. Ecosphere, 9(5): e02233.

YAO T, WANG Y, LIU S, et al, 2004. Recent glacial retreat in High Asia in China and its impact on water resource in Northwest China[J]. Science in China series D: earth sciences, 47(12): 1065-1075.

YAO T, WANG Y, LIU S, et al, 2013. Recent glacial retreat in High Asia in China and its impact on water resource in Northwest China. Science in China, 47(12): 1065-1075.

YU H, LUEDELING E, XU J, 2010. Winter and spring warming result in delayed spring phenology on the Tibetan Plateau[J]. Proceedings of the national academy of sciences, 107(51): 22151-22156.

安妮，2016. 青海省野生雪豹粪便中寄生虫种类的初探 [D]. 北京：中国农业大学.

李娟，2012. 青藏高原三江源地区雪豹 (*Panthera uncia*) 的生态学研究及保护 [D]. 北京：北京大学.

廖炎发，1985. 青海雪豹地理分布的初步调查 [J]. 兽类学报，5(3): 183-188.

刘楚光，郑生武，任军让，2003. 雪豹的食性与食源调查研究 [J]. 陕西师范大学学报 (自然科学版)，(s2):154-159.

刘务林，1994. 论西藏濒危动物豹类 [J]. 西藏大学学报，(3):79-81.

彭基泰，2009. 青藏高原东南横断山脉甘孜地区雪豹资源调查研究 [J]. 四川林业科技，30(1): 57-58.

肖凌云，2017. 三江源地区雪豹 (*Panthera uncia*)、岩羊 (*Pseudois nayaur*) 与家畜的竞争与捕食关系研究 [D]. 北京：北京大学.

张大铭，1985. 新疆伊犁地区近三十年来几种兽类的动态 [J]. 兽类学报，5(1):56 转 66.

第五章

CHAPTER

5

中国雪豹保护行动及空缺分析

　　雪豹的未来取决于我们当下所采取的行动（图 5-1）。如我们在前一章所介绍的，人类活动给雪豹及其栖息地带来了种种直接或间接的威胁；而人类也可以通过行动，来缓解、阻隔乃至消除这些威胁的影响；在此基础上，进一步建立可持续的、生态友好的生产生活方式，为雪豹、它们所生存的生态环境以及同样处于生态环境中的人类自身，构筑一个和谐美好的未来。

　　我们将在本章中介绍中国雪豹保护工作，这也是全书的重点部分。这部分内容的意义不仅在于展现多年来各机构工作的成果，更重要的是希望这些信息能够有助于梳理保护工作思路，总结经验，为今后的保护工作提供借鉴参考。

　　我们一方面采用问卷形式，从在中国进行雪豹保护的关键信息人处收集已开展或正在开展的雪豹保护行动，以及当地政府、保护区惠及雪豹的政策、项目、保护措施等，并对各个保护行动所应对的威胁进行了分析判断。另一方面，我们参考了雪豹保护方面的权威 / 重要文献，结合与各机构的沟通讨论，整合综述对雪豹保护的愿景、目标、行动原则等逻辑框架信息，并以此为参考对保护行动进行了分类整理，并补充了相关信息。由于篇幅所限，每项保护行动我们仅提供了 1 ~ 2 个案例。参考国外有成功案例但国内尚未开展的保护措施，总结出 19 项保护行动及其对应的威胁（表 5-1，图 5-2）。

图 5-1 雪豹的未来取决于我们采取的行动

供图：山水自然保护中心、北京大学自然保护与社会发展研究中心

　　在对保护行动进行整理的基础上，我们对比威胁评分，进行了保护空缺与不足的分析：哪些威胁已有与之对应的保护行动，哪些威胁因素尚未采取与之对应的保护行动，哪些威胁因素虽然已有对应的保护行动，但其行动的力度或展开尺度尚有不足。我们访谈各省（区）关键信息人，确认保护空缺分析结果，并初步分析空缺原因。全国范围的空缺与不足分析在本章最后部分进行呈现，各雪豹分布省（区）的相关内容请参见第六章。希望这部分内容能为保护工作者在进行当地的雪豹保护行动规划时，在优先性选择方面提供一些帮助。

表 5-1　中国雪豹保护行动及其对应威胁

| 威胁分类 | 威胁 | 评级 | 保护地建设 | | | 人兽冲突补偿 / 保险 | 扶贫 / 生计改善 |
			保护区监测与反盗猎巡护	保护区能力建设	建立新保护地		
对雪豹的直接猎杀或抓捕	报复性猎杀	4.6	√			√	√
	盗猎及非法贸易	3.1	√				
	动物园和博物馆的活体收集	0.5	√				
	针对其他物种下毒、下套等导致的误杀	3.2	√			√	√
	雪豹疾病	1.6					
栖息地与猎物相关威胁	栖息地退化	5.6			√		√
	栖息地破碎化	5.5			√		
	盗猎和误杀导致的野生猎物种群减少	4.1	√				
	家畜竞争导致的野生猎物种群减少	6.1					√
	疾病导致的野生猎物种群减少	4.3					
政策和认知相关的威胁	缺乏适当政策	4.7				√	
	政策实施不力	5.4					
	缺乏跨境合作	5.0			√		
	保护部门力量不足	9.5		√			
	当地社区认知缺乏	6.8					
其他威胁	气候变化	8.0					
	人口增长和贫困	6.3				√	√
	流浪狗袭击雪豹及其猎物	3.7					
	虫草 / 草药采集造成的干扰	1.6					
	大规模发展项目	4.6			√		
	矿产与水电开发	3.8			√		

注：√表示行动与威胁相对应；彩色底色表示该地区已开展此类行动。

基于社区的保护行动						政策与公众推动			
社区/公民志愿者监测与反盗猎巡护	放牧管理	流浪狗管理	虫草/草药采集管理	社区宣传教育	气候变化适应性生计	制定保护规划	管理开发/发展类项目	政策建议	公众宣传
√				√					
√				√					√
√									
√				√					
		√							
	√						√		
							√		
√				√					
	√								
						√		√	√
						√		√	
√									
√				√					
					√				
		√							
			√	√					
							√		
							√		

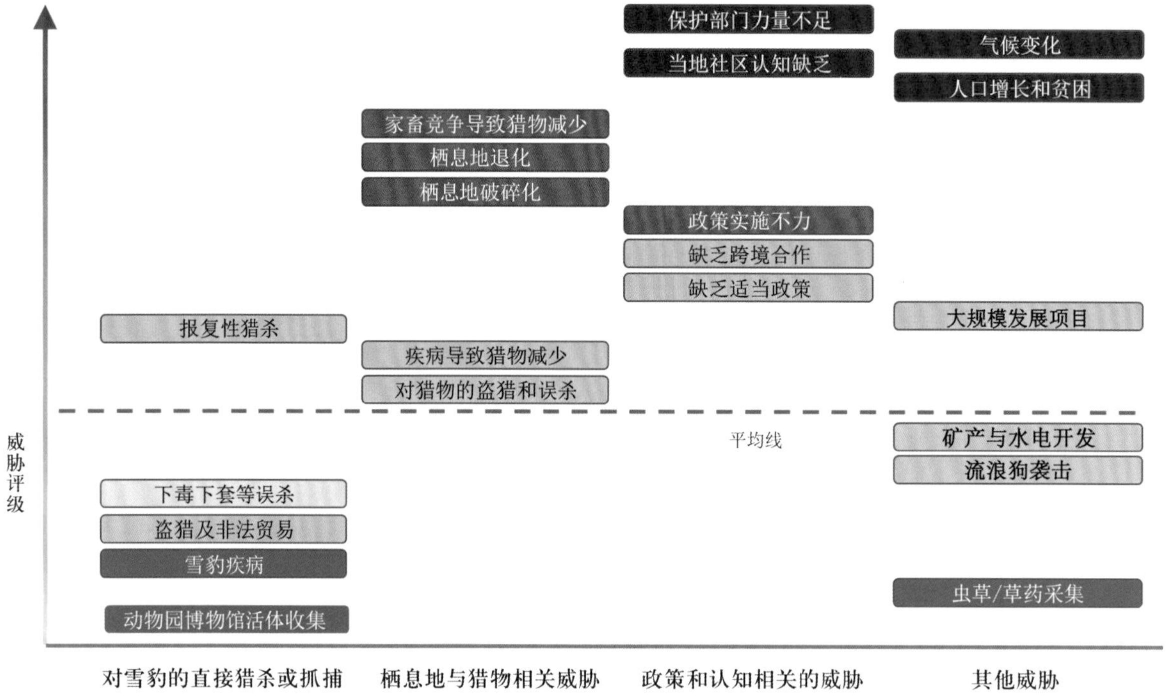

威胁评级

保护部门力量不足
当地社区认知缺乏
气候变化
人口增长和贫困

家畜竞争导致猎物减少
栖息地退化
栖息地破碎化

政策实施不力
缺乏跨境合作
缺乏适当政策

大规模发展项目

报复性猎杀

疾病导致猎物减少
对猎物的盗猎和误杀

平均线

矿产与水电开发
流浪狗袭击

下毒下套等误杀
盗猎及非法贸易
雪豹疾病

动物园博物馆活体收集

虫草/草药采集

对雪豹的直接猎杀或抓捕　　栖息地与猎物相关威胁　　政策和认知相关的威胁　　　其他威胁

图 5-2　中国雪豹所受威胁排序

注：图中部分威胁因素仅以简称呈现，详细内容请参见表 4-2。图 6-5、图 6-10、图 6-14、图 6-20、图 6-23 同。

◎ 雪豹保护的愿景和原则

雪豹保护的目标不仅仅是维持这一物种免于灭绝，而是确保它们能长期稳定地生活在状态良好的栖息地中。雪豹保护需要从景观尺度进行，这点已经是保护领域的共识。

这一方面需要在政策和区域规划上将生态环境因素作为重要考量指标，在制定政策和规划时充分考虑其生态影响；另一方面仍需要以扎实的实地保护措施和行动——如监测和反盗猎巡护——作为基础。景观尺度的保护还意味着用新的保护思路来处理人与自然生态之间的关系。传统的自然保护区基本遵循隔离原则，划定的核心区原则上禁止任何人类活动。这种模式在景观尺度是不合理，也是难以实现的。协调人类活动的模式和规模，降低人类活动的负面影响，需要充分认识发展需求的合理性，特别是栖息地周边社区居民对于良好生活质量的需求以及在他们自身文化背景下对自然和野生动物的认知。

◎ 保护行动

我们将保护行动分为三大类进行介绍：

（1）保护地建设，主要包括新保护地的规划与建立、监测与反盗猎巡护以及保护区能力建设。

（2）基于在地社区的保护行动，主要包括放牧管理、虫草采集管理、手工艺开发、自然体验等生产生活管理及生计改善活动，基于社区或公共志愿者的监测与反盗猎行动，以及社区宣传教育活动。

（3）政策与认知相关行动，主要包括保护规划制定、政策建议、开发发展类项目管理及公众传播活动。

◎ 保护地建设

受法律认可的自然保护地网络是雪豹及其栖息地保护的基础，保护措施合理、执行到位的自然保护地能够为野生雪豹种群提供安全的庇护所。自然保护区曾经是我国自然保护地的主体类型，截至 2014 年，中国雪豹分布区内已建立的各级自然保护区超过 138 个。其中青海省三江源自然保护区、新疆维吾尔自治区托木尔峰自然保护区、甘肃省祁连山国家级自然保护区、四川省卧龙国家级自然保护区等均已开展了雪豹的监测和保护行动。然而由于雪豹分布范围广大，大面积的栖息地仍未被保护地所覆盖——即使采用相对乐观的估计数据，也有 50% 甚至更多的雪豹栖息地未被保护地覆盖。此外，一些已建立的保护地，由于人力、资金等各方面限制及保护部门力量不足等原因，也未能落实开展监测巡护等保护工作，甚至连辖区内的雪豹分布调查都尚未完成，保护地的实际效果难以保证。

面对这些问题，一方面需要结合调查和监测，建立新的保护地，完善保护地网络体系，另一方面也需要通过保护地能力建设，落实监测与巡护等基础措施和行动，来确保实际保护效果。

2013 年，中国共产党十八届三中全会提出建立国家公园体制，开始了新的保护地体制尝试；2017 年中共中央办公厅、国务院办公厅正式印发了《建立国家公园体制总体方案》，中国共产党第十九次全国代表大会上也明确提出了"建立以国家公园为主体的自然保护地体系"。这为未来自然保护地建设在工作内容、工作方式、资源整合等方面都提供了新的思路和新的可能。在第一批试点的 10 处国家公园中，青海省三江源国家公园和甘肃省祁连山国家公园都覆盖了雪豹栖息地。未来新的国家公园如何建立，国家公园如何与现有的自然保护区体制整合等问题仍需探索；但可以明确的是，自然保护地切实发挥其应有的功能，仍需要以具体的保护工作为基础。

新保护地的规划与建立

雪豹栖息地面积广大，乐观估计中国也仅有约 50% 的雪豹潜在栖息地被各类保护地覆盖。《中国雪豹保护行动计划（内部审议稿）》指出，"自然保护区针对雪豹分布区的覆盖不足"是影响保护成效的五大因素之一。建立新的保护地，特别是结合雪豹分布调查，在雪豹重要栖息地或重要廊道建立保护地，有助于完善保护地网络，实现景观和区域尺度的保护，提升保护成效。严格意义上的保护地是指具有某种法律效力的明确的保护范围，而保护机构和团体在明确的雪豹栖息地范围内，以明确的规则与当地社区、主管部门等相关方约定保护方式，并开展监测、巡护等切实的保护活动，在广义上也可以看作是建立了新保护地。

行动案例：新疆维吾尔自治区乌鲁木齐河雪豹保护地的建立

行动主体：天山东部国有林管理局、荒野新疆

2014—2018 年间，荒野新疆在新疆维吾尔自治区乌鲁木齐市南山地区持续监测当地雪豹种群。2016 年，荒野新疆在天山东部国有林管理局的支持下，联合山水自然保护中心、中国生物多样性保护与绿色发展基金会等民间保护组织，于乌鲁木齐南山雪豹项目地设立了第一座监测保护站。保护站所在的乌鲁木齐河地区原本是法律认定的水源地保护区域，荒野新疆和天山东部国有林管理局本着"林业管理部门牵头，民间保护力量参与"的原则，在这一区域开展雪豹监测、反盗猎巡护、社区保护宣讲、缓解人兽冲突、公众环境教育等工作，同期还构建起两个林业管护所和 20 户牧民组成的社区监测保护网络，使这里成为实体意义上的雪豹保护地。

随着该保护地工作的不断开展，目前社区牧民普遍对雪豹保护工作表示理解和支持，人兽冲突得到有效缓解，2 年内未发生野生动物盗猎事件。2018 年8 月，该区域污染企业全部搬迁，最后两个矿点停产。通过总结保护地的试点经验，天山东部国有林管理局目前已经制订了在辖区内的十一个分局展开雪豹调查和管理能力建设的计划，力争在 2020 年申请成立东天山国家公园。

乌鲁木齐河雪豹保护地的成功经验表明，在新保护地规划和建立上，虽然政府主管部门占据主导，科研机构和民间组织也可以贡献自己的力量。一方面，

基于完善的监测数据、研究成果以及良好的沟通机制，可以更合理、高效地实现新保护地规划和建设。另一方面，如何能更顺利地将这些民间主导的"保护地"纳入正式的保护地体系之中，也是雪豹保护需要探索的方向之一。

行动注意事项：

新保护地的建立应当基于真实可靠的科学依据（如监测数据），保护地范围的划定应当充分考虑生态系统或景观的自然边界。

在以雪豹为旗舰物种的高山生态系统建立保护地，务必考虑生态系统的完整性，特别是对雪豹大尺度迁移所需的廊道进行合理规划和建设。

建立新保护地时，除考虑自然生态条件外，保护地范围内或保护地周边有居民生活的，也应充分考虑社区居民的情况和需求。

新建立的保护地需匹配资源以确保能够实际开展保护行动、落实保护措施。

科研机构、民间保护团体等非主管部门若希望推动新保护地建立，应当充分熟悉保护地建立的相关流程和手续。

良好的沟通机制是保护地建立的关键，沟通包括但不限于在以下相关方：政府主管部门、当地社区、科研机构、非政府保护机构或团体等之间进行。

保护区监测与反盗猎巡护

监测和反盗猎巡护是保护地的基础工作，也是核心工作。长期监测一方面有助于了解雪豹等野生动物的自然情况，如种群数量及变化趋势，以及其他信息，为深入研究提供基础数据；同时也有助于探知保护地内的人类活动，为组织针对性巡护和其他管理工作提供依据。巡护则构建了针对盗猎和非法野生动物贸易的第一道屏障，是控制人类活动对自然环境造成破坏性影响的重要保护措施，在遏制盗猎方面作用尤为重要。

行动案例：邛崃山区保护地雪豹监测及巡护网络

行动主体：四川省林业厅、卧龙国家级自然保护区等四川省邛崃山区各自然保护区、北京大学李晟课题组

从 2016 年起，北京大学联合绵阳师范学院等单位，与邛崃山区内各自然保护区协调，在邛崃山中部合作建成区域性红外相机监测网络。通过野外实地调查并借助红外相机监测，该项工作在邛崃山雪豹栖息地内及周边地区记录到大量的人为活动，主要包括五类：放牧、采集、盗猎、旅游与基础设施建设。其中前三类活动大多位于自然保护区的核心区，均为非法进入自然保护区开展的活动。根据监测结果和威胁评估，各保护区相继开展了针对性的保护行动。网络建成以来，当地保护区对于野生动物状况的了解取得长足进步。

2017 年 11 月，卧龙国家级自然保护区和四川省林业厅牵头，在都江堰召开了"首届横断山雪豹保护行动研讨会"，并发布《卧龙雪豹宣言》。在研讨会上，北京大学生命科学学院（项目负责人李晟）与卧龙国家级自然保护区签署了共同开展雪豹研究与保护的合作协议。合作以来，北京大学研究团队基于监测网络的数据取得了当地雪豹潜在猎物与多度、雪豹种群数量、雪豹食性等重要成果。

通过以上案例不难看出，监测与巡护（图 5-3）是保护地工作的基础和核心。保护地主管机构可以通过与科研机构、非政府组织合作，实现自身保护能力提升。而多个保护地在统一协调下联合行动有利于取得更佳的成效。

行动注意事项：

保护地管理部门在制订规划和计划时应充分考虑监测、巡护等保护行动所需资源。

监测网络设计应当充分考虑科学性和资源合理性，可根据前期监测结果及时进行合理调整。

巡护的路线和频率应充分考虑实际情况，如野生动物分布、人类活动可能

图 5-3　监测与巡护是雪豹保护最基础的工作之一

摄影：周刚；　供图：卧龙国家级自然保护区、北京大学野生动物生态与保护研究组

性、敏感时期等。

　　保护地的监测和巡护可能并不是以雪豹为主要目标对象，但合理的监测和巡护，其效果可以惠及雪豹。

　　同区域多家保护地联合行动有助于提升保护行动效果。

保护机构能力建设

　　保护机构能力不足是威胁评分中平均得分最高的一项，也是《中国雪豹保护行动计划（内部审议稿）》所列出的影响保护成效的五大因素之一。保护机构能力不足可能是多方面的：人力资源不足以开展相关的保护行动，或现有人员缺乏相应的技能，或尚未配备保护工作所需的器材等。保护机构能力建设即在对自身情况进行系统评估的基础上，对不足的方面进行改进与完善。能力不足往往与资源限制紧密相关，保护机构可借由保护地体制改革的机会，吸引、整合资源，开展针对性的保护地能力建设。如一些保护地范围内存在当地社区，可以在条件允许的情况下鼓励他们加入保护行列，民间机构和志愿者也可以成为有益补充。

行动案例：三江源国家公园生态管护公益岗位及相关培训

行动主体：三江源国家公园管理局

2016 年三江源国家公园建设试点工作启动以来，三江源国家公园共招聘了 16 421 名牧民进入国家公园生态管护公益岗位，实现了国家公园区域内一户一岗，有效弥补了保护力量的不足。针对生态管护公益岗位，三江源国家公园管理局两年来共投入超过 2000 万元开展培训，邀请相关专家以及山水自然保护中心等机构参与其中。培训内容覆盖环境政策和法律、红外相机监测（图 5-4）、反盗猎巡护、生物多样性知识等内容，有效地提升了当地保护力量。

行动注意事项：

保护机构宜对自身进行系统评估，确定是否存在能力不足情况，并根据具体情况规划能力建设计划。

在遵守相关政策的前提下，利用保护地体制改革机会，根据需求吸引、整合资源。

可以根据保护地实际情况，吸引民间力量、志愿者加入保护行列，但需要明确的合作办法。

根据实际情况，可以分期分批，逐步开展购置器材、人员培训等工作。

图 5-4　在三江源进行的红外相机使用培训

摄影：李雨晗；供图：山水自然保护中心

◎ 基于社区的保护行动

　　雪豹分布范围广大，这些区域内也有大量人类居住生活，即便在一些保护地区域内也如是。这些居民的生产生活活动可能会对雪豹及其栖息地产生负面影响，如栖息地退化、家畜竞争导致的野生猎物数量降低、报复性猎杀等。相比其他威胁类型，这种影响往往是直接且持续的。在如此大的范围内，完全隔绝人类对自然生态的影响是不现实的，也是不合理的。因此雪豹保护工作中，很多时候需要与当地社区一起协调，通过参与式管理的方式，控制人类活动的影响程度。另外，由于长期在地生活，当地社区居民也有可能成为保护的重要力量。基于社区的保护行动将在很长时期内是雪豹保护工作的主体内容。

放牧管理

放牧是雪豹分布区内社区居民最主要的生产方式。而雪豹所受的许多威胁都与放牧活动有关：如过度放牧可能导致的栖息地退化，家畜竞争导致的雪豹野生猎物减少。对家畜管理不当可能带来雪豹捕杀家畜，而引起报复性猎杀的威胁。通过科学有效的放牧管理，一方面能够降低对草场的压力，缓解栖息地退化及野生有蹄类动物数量降低的状况，同时也可以减少家畜因食肉动物捕食或疾病等原因造成的死亡；另一方面，通过有效管理及合作，还有可能缓解社区矛盾，提高社区收入，改善社区居民生活。

行动案例：青海省玉树藏族自治州甘达村社区管理项目
行动主体：三江源生态保护协会

甘达村位于玉树市西部，是玉树州州府结古镇重要的水源地。全村有超过370户村民，但是只有95 000多亩草场。三江源生态保护协会通过与社区讨论，把全村划为23个社区综合保护地，并成立由村委会、寺院、乡政府、民间组织、学校共同组成的自然资源管理委员会，根据保护地的环境状况来制订管理制度及工作计划，再由牧民推选出一个能代表他们的组长。

由于草场面积小，1984年甘达村并没有把草场分配到户。围栏项目启动之后，牧民自行购买围栏，围上了家里经常放牧的草场。三江源生态保护协会在进行社区访谈时发现，村子中最大的矛盾就是围栏：围栏的位置、牲畜迁移时的不便等造成了各种各样的问题。2017年，在村委会、共管委员会、三江源生态保护协会的共同推动下，甘达村村民自愿拆除了草场上所有的围栏，牧户之间的矛盾得到了化解，村中的氛围也变得融洽。牧民们说："之前看到就

连嘎松舟神山都围满了围栏，其实心里是不开心的，拆除了围栏，觉得家乡'土地的灵气'都完全不同了。"

行动注意事项：

放牧管理措施应当始终匹配草场质量监测，监测指标可以包括植物物种、生物量、草地侵蚀状况等，可充分参考当地牧民提供的判断指标。

管理措施的计划制订需建立在对当地政策法规和社区传统的充分了解之上。

管理措施和计划的制订应当有当地社区居民参与，工作流程和沟通机制需要符合当地文化传统。

放牧管理措施可能涉及减少牲畜量等内容，需要在和社区充分沟通的前提下进行（图5-5）。

人兽冲突补偿

当雪豹及其他食肉动物捕食家畜的情况发生，甚至威胁到当地居民的生命安全（一般不是雪豹而是其他食肉动物，如棕熊）时，往往会给当地居民带来较大的损失，可能会引起当地居民对这些野生动物持负面乃至敌视的态度。这对社区支持、参与雪豹保护工作是一个极

图5-5　加强放牧管理可以降低对草场的压力，也能减少家畜被食肉动物猎杀的可能性

摄影：陈尽／影像生物调查所（IBE）、北京大学自然保护与社会发展研究中心、山水自然保护中心、阿拉善SEE基金会、青海省三江源国家级自然保护区管理局联合项目支持拍摄

大的障碍，若无相应措施，甚至可能引起报复性猎杀等直接威胁雪豹生存的情况。解决这一问题，一方面需要加强放牧管理措施，减少家畜被捕食的事件发生；另一方面也需要建立对牧民的合理补偿机制，降低乃至避免当地社区所遭受的损失。

行动案例：澜沧江人兽冲突保险基金

行动主体：三江源国家公园澜沧江源园区管委会、山水自然保护中心

项目地年都村位于三江源国家公园澜沧江源园区昂赛乡。前期调查显示，2015年年都村平均每户有4.6头牛被雪豹、金钱豹、豺、狼等捕食，最多的一户达到23头，户均损失超过5000元。

从2016年起，山水自然保护中心和三江源国家公园澜沧江源园区管委会合作，开展了人兽冲突补偿试点行动（图5-6）。在项目支持下，山水自然保

图5-6　调查人员向当地社区居民了解雪豹捕食家畜情况

护中心与杂多县政府分别投入 10 万元，牧民为每头牛投保 3 元，建立共计 24 万元的"澜沧江源人兽冲突补偿基金"。截至 2017 年 12 月，该基金共补偿 222 起野生动物肇事，共计金额 22 万元。在向三江源国家公园管理局提交第一期人兽冲突基金报告后，2018 年该项目中昂赛乡三个村获得了共计 30 万元的基金配套资金。相关模式有望在整个三江源区域内推广。

澜沧江人兽冲突保险基金有两个创新点：第一，下放管理权力，简化审核流程，以社区为主体制订补偿策略，进行补偿核实工作，这降低了补偿核实成本，群众充分受益。第二，基金管理委员会制订规则，牧民需承担对家畜的管护责任；因为管护不到位导致的家畜损失，基金不予补偿，推动牧民加强放牧管理。

行动注意事项：

补偿本身不能解决人兽冲突的根本问题，即雪豹等食肉动物捕食家畜的情况，因此补偿措施应当与放牧管理措施等其他保护行动匹配开展。

补偿资金的资源长效性是决定补偿项目能否成功的核心要素，在补偿项目的规划设计阶段应进行充分的论证。

补偿案件的审核制度应充分考虑可执行性，太过复杂的审核机制往往会导致补偿难以兑现。

在项目设计时邀请当地社区参与有助于项目的成功。

扶贫 / 生计改善

人口增长和贫困可能加重对生态系统的压力，从而给雪豹的生存带来不利影响，也有可能引发社区内部的矛盾。通过引入替代生计等办法，不仅能够缓解贫困问题，改善社区居民生活水平，还能够分流牧业从业人口，从而降低放牧对草场的压力。通过与协议性保护项目、放牧管理等其他基于社区的保护项目联动，还可以起到引导社区居民支持保护、参与保护行动的作用。我们这里介绍两类在国内外均有成功经验的替代生计方式：手工艺品和自然体验。

1. 手工艺品

通过为传统手工艺品提供市场渠道，为社区创造增收可能，并在一定程度上改变社区从业结构；同时结合协议保护机制，匹配放牧管理等保护措施，推动社区参与保护行动。

行动案例： 三江源年保玉则隆格村社区协议保护项目

行动主体： 全球环境研究所（GEI）

作为三江源社区的典型代表，近年来年保玉则隆格村面临着草地退化、人地关系紧张、不规范的旅游破坏以及资源单一、发展受限等因素的影响。为应对这些威胁，GEI引入了社区协议保护机制。

GEI促进隆格村与三江源自然保护区签订保护协议，将部分保护权赋予社区，约定权利、责任和利益。GEI和保护区协助社区成立自己的巡护队伍并制订社区管护计划，提供保护方法和工具，开展巡护、环境监测和水源清洁等一系列生态保护行动。同时，GEI与保护区和社区分别签订项目协议，成立属于社区的保护与发展基金。基金及其贷款利息一方面支持社区成立合作社，制订可持续生计计划，比如发展负责任的生态旅游服务，培训牧民以促进传统手工艺发展，开发生态友好产品。相关收益的25%必须投入社区保护工作。另一方面，GEI邀请相关专家，为社区开展培训（包括巡护和监测技能），协助产品设计开发、宣传推广和商业拓展的能力建设。协议保护机制使社区从保护中获益，成为一个相互嵌套、不可分割的长效保护机制。

另外，GEI借鉴保护国际及其他机构的评价指标，建立一套对社区协议保护地的评价指标体系，包括生态效益、经济效益和社会效益三大类别，并邀请第三方进行评估。目前，隆格村草场管理趋于合理，生态改善明显。保护地内盗猎大量减少，鸟类栖息地环境得到有效维护，湿地湖泊水源垃圾消失，游客干扰野生动物的行为逐年减少。社区基金由 5 万元增长到 7 万元，贷款支持了合作社 20 多户牧民生计发展；依靠生态旅游和手工艺品，目前牧民平均收入增加了 1～1.5 倍。社区凝聚力明显增强，社区关系实现了重构，实现了公共资源共同管理。社区适应气候变化的能力明显增强。隆格村的模式已经成为青海省牧民社区的典范之一。

行动注意事项：

能否打通市场渠道是手工艺品类项目成功与否的关键之一。项目规划时应当进行充分的市场调研和可行性论证；此外由于在地社区往往交通不便，相关的运输成本和管理成本也需纳入考量。

项目开始时，传统手工艺品在产品质量、生产周期等方面可能无法立刻满足预期，管理者应当在此方面有相应预案。

注意尽量选择本身不会对环境造成额外压力的手工艺品进行开发。

通过协议方式使购买者、制作者及社区明确产品收益的分配及使用方式。

2. 自然体验项目

自然体验项目（或生态旅游项目）是面向自然爱好者的一种深度生态旅游活动（图 5-7）。自然体验项目能够为在地社区提供就业机会和额外收入，也能够引导社区居民重新认识雪豹及其栖息地的生态价值。

行动案例：三江源国家公园昂赛乡雪豹体验项目

行动主体：三江源国家公园澜沧江源园区管委会、山水自然保护中心

雪豹保护需要社区的长期参与。让社区从保护雪豹中直接受益，保持持续的动力尤为重要。2015 年，在三江源国家公园内的昂赛管护站，山水自然保护中心与三江源国家公园管理局合作，基于红外相机监测以及人兽冲突的审核

图 5-7　昂赛乡自然观察节全体参加队员在营地的合影，自然体验项目是一种主要的替代生计

摄影：张程皓

数据，开发了雪豹自然体验产品。通过特许经营权的运作，培训了 23 户当地牧民作为接待家庭，设计了 5 条雪豹自然体验路线。项目还设计了预约网站：https://valleyofthecats.org/。至今，昂赛乡已经接待了 60 多个国内外自然体验团，户均增收超过 6000 元。

在所有的收入中，45% 归接待家庭，45% 归村集体所有，10% 投入社区人兽冲突基金。项目希望充分构建自然体验与社区保护之间的关系，实现社区保护的集体行动。

行动注意事项：

自然体验项目需要专门的设计规划，在确保不对当地生态环境产生破坏性影响的前提下兼顾消费者体验；特别是雪豹本身行踪隐秘的特点，直接观测难度大，在宣传和沟通时应与消费者明确预期。

项目开发阶段宜进行充分调研，确定项目地特色，避免同类型项目形成恶性竞争。

项目设计过程宜引入社区参与机制，特别是在利益分配方面需要与各参与方，包括社区内部的不同群体达成共识。

自然体验项目与监测调查项目匹配会获得额外成果。

虫草采集管理

虫草采集已成为部分雪豹分布区社区重要的创收方式，然而未得到有效管理的虫草采集活动一方面会干扰野生动物，另一方面也会造成草场破坏。与其他生计管理类保护行动一样，虫草采集管理也需要社区的深入参与，才可能取得成功。

行动案例：青海省玉树市云塔村虫草采挖管理

行动主体：山水自然保护中心

虫草资源已成为青藏高原最重要的资源之一，为当地社区带来了巨大的经济收益。从 2011 年起，山水自然保护中心持续关注青海省玉树市云塔村的虫草采挖，希望通过调查虫草这一公共资源的管理，增加对青藏高原传统社区管理制度的了解。

在山水自然保护中心的推动下，云塔村成立了自己的虫草管理小组，主要由村支书、社长、社会计以及九个小组长等 12 人组成，在虫草收获时节对采挖进行管理。为了实现可持续采集，管理小组制订了一整套的措施，诸如控制外来人口、垃圾管理、不能乱砍薪柴等，取得了非常好的成效。

从云塔村的案例可以看出，对于像虫草这样的自然资源管理以及生态保护这类的公共事务管理，应该充分借助现有的社区管理体制，形成以社区为主体的自然资源和公共事务管理模式。考虑到社区的复杂性以及社区居民本身的管理意愿，应当以传统的村社作为资源管理单元。

行动注意事项：

理想情况下虫草管理应当由社区主导，保护工作者可以提供必要的协助，如讨论流程支持等。

流浪狗管理

藏獒市场崩溃后，青藏高原上的流浪狗数量不断增长，干扰野生动物及栖息地的同时，甚至威胁到当地居民及游客的安全。这一新出现的威胁可能需要更多的关注。

行动案例：青海省果洛州流浪狗管理项目

行动主体：青海雪境生态宣传教育与研究中心

2014年至今，青海雪境生态宣传教育与研究中心（以下简称"雪境"）针对高原流浪狗问题进行实地调研，发现高原流浪狗对野生动物以及社区民生安全的影响非常严重，而且成因很多。因此，针对问题的复杂性，雪境主张开展流浪狗绝育、推动就地"领养"、宣传疾病预防、争取社会各界的捐助与支持。

2017年6月，在果洛州久治县白玉寺的大力推动、爱心企业的热心资助和外地兽医志愿者的技术支持下，项目成功地完成了26只母犬的绝育手术。项目同时开展本地兽医培训工作，通过把绝育设备和药品发放给技术成熟的本地兽医，大大推进了绝育速度。项目还鼓励社区领养流浪犬。流浪犬在成为有主犬之后更有利于绝育，可以从源头上控制包虫病的传播。毋庸置疑，当地社区的大力支持让流浪狗管理在藏族聚居区成为可能。

行动注意事项：

在推动技术手段应用的同时，也需要充分适应当地社区的文化传统。

社区和科学志愿者的监测与反盗猎巡护

目前尚有大面积的雪豹栖息地未纳入保护地范围，在这些区域，保护工作者可以通过与当地社区或志愿者合作，通过监测和反盗猎巡护等措施实现对雪豹及其栖息地的有效保护。即使在保护地范围内，社区和志愿者力量也可以成为有益的补充（图 5-8，图 5-9）。

行动案例： 西藏自治区那曲市申扎县社区监测及反盗猎

图 5-8　当地社区居民正在学习如何记录作为雪豹主要猎物的岩羊的数量。社区和公众志愿者可以成为保护力量的有益补充

摄影：肖凌云

图 5-9 通过社区会议了解社区居民的需求，他们对雪豹及自然保护的理解、支持和参与是保护
行动成功的前提

供图：山水自然保护中心、北京大学自然保护与社会发展研究中心

行动主体：西藏那曲市申扎县林业局、野生生物保护学会

2016 年，在西藏自治区林业厅的支持下，申扎县启动雪豹研究与保护项
目。县林业局选拔六名牧民作为野生动物保护员（以下简称"野保员"）参加
该项工作，并与野生生物保护学会合作。学会对牧民野保员开展大量理论与
实践培训，包括雪豹痕迹识别、红外相机使用、GPS 坐标系统、野外调查设
计。最初，六名野保员只是承担野外向导等辅助角色，但很快成为监测工作的
主力。目前，他们已完全承担起 2000km^2 的红外相机监测网络维护以及猎物
调查任务，并协助羌塘保护区开展红外相机监测以及保护区管护员的培训。此
外，他们正在学习雪豹个体识别和数据库管理。另外，作为试点，六名野保员
正在现代化巡护系统的支撑下开展网格化巡护，并参与构建当地野生动物救助

体系。同时，这六名野保员在巡护监测之余，也在县林业局和社会资源的支持下，向乡亲们积极宣传自然保护理念，组织社区开展环境治理活动，建设食肉猛兽防护设施。作为平均文化程度不到初中水平的普通牧民，他们的表现充分说明：社区群众完全有能力在家乡的野生动物保护进程中担负更重要的角色。

行动案例：新疆维吾尔自治区"荒野新疆"志愿者网络

行动主体：荒野新疆

作为植根新疆维吾尔自治区的民间动物保护组织，荒野新疆借助志愿者网络，对新疆的主要雪豹栖息地进行了多年的调查监测，评估了雪豹种群扩散的廊道。2014—2018 年间，在天山东部国有林管理局的管理和支持下，荒野新疆对乌鲁木齐郊区 $600km^2$ 区域持续开展雪豹种群调查和监测，建立起超过 60 只个体的雪豹个体影像库，并对该区域的雪豹种群状况、威胁因素、保护策略进行分析和建议。荒野新疆还联合森林公安部门开展普法宣讲，配合公安部门抓捕盗猎团伙，并长期义务承担野外巡护任务。几年间，累计有数百名志愿者参与到乌鲁木齐雪豹保护行动中。他们在线上宣传雪豹保护，在线下参与野外工作。获得相关媒体报道上百次，拍摄的多部纪录片在中央电视台等平台播出。乌鲁木齐市民及新疆人民对雪豹已经具有一定自豪感。荒野新疆的工作大大提升了雪豹保护的社会关注度，为发展新疆的野生动物保护事业创造了良好氛围。

行动注意事项：

对于基于社区和志愿者的保护行动，需要充分考量参与群体在保护目标之外的需求，如当地社区改善生活水平的需求，志愿者自我实现的需求等。

明确、相对稳定又具有一定灵活性的参与规则对于项目长期成功至关重要。

项目前期往往需要相对集中的技能培训，相关资源宜提前准备到位。

社区宣传教育

社区居民对雪豹及自然保护的理解、支持和参与是所有基于社区的保护行动成功的前提。社区宣传教育活动一定程度上是所有基于社区的保护行动的基础工作。

行动案例：年保玉则雪豹保护及相关宣传教育活动

行动主体：年保玉则生态环境保护协会

自 2009 年开始，年保玉则生态环境保护协会（简称"年措"）持续开展雪豹保护工作。

2011 年，在北京大学、山水自然保护中心等机构与个人的支持下，年措开展基于社区的详细调查，涉及 400 余户牧民，布设了大量红外相机。他们推算年保玉则分布有 40 余只雪豹；当地人兽冲突加剧与 20 世纪对雪豹自然猎物的过度猎杀有关。基于这些信息，2011 年起，年措对当地牧民开展有针对性的雪豹保护宣传教育活动。年保玉则的"乡村之眼"团队共拍摄三部以雪豹监测和与牧民的冲突为主题的纪录片，并在年措组织的"乡村电影节"上多次放映，观众近千人。2014 年，年措举办红外相机雪豹摄影大赛，参赛者均为当地居民。年措还为保护雪豹贡献最突出的三家牧户颁奖，感谢他们在自家牛、羊长期被雪豹捕食的处境下仍支持对这一珍稀物种的保护，并在社区集会时为他们颁发"保护雪豹"证书，让他们的付出得到更多人的认可。

多年来，年措坚持开展面向群众的保护知识培训，当地百姓参与超过 2000 人次。由于"众生平等"的信仰，群众不理解为什么要特殊保护雪豹，年措就从当地群众容易理解接受的宣传角度出发："雪豹是国家保护动物，比较受重视，保护它们能得到更多政策和资金的支持。保护雪豹就是保护它们居住的地方，也就保护了以年保玉则为家园的大大小小许多生命。"

当地社区与科学家合作，使年保玉则雪豹的生存现状得到了更好的改善。借助佛教思想鼓励当地老百姓"护生"，年保玉则的雪豹种群得到有效的保护。

行动注意事项：

社区宣传教育活动的内容与形式需要与当地的文化传统相适应。

面对面的交流是双向的，对于保护工作者，特别是非在地保护机构来说，宣传教育活动往往可以与社会调研相结合。

宣传教育活动相对难以形成可量化的效果评估指标，如何实现任务指标（做了什么事）向效果指标转化是项目设计时需要特别留意的问题。

◎ 政策与认知相关行动

雪豹保护工作往往覆盖范围广大，涉及诸多事项，也需要较多资源，因此基于调查研究的规划对于保护工作有序开展十分重要。许多威胁并不能依靠在地保护行动解决，如大型开发项目、矿产水电项目，这就需要保护工作者兼顾区域内的发展规划，并在较高层面予以协调。此外，国家和区域层面的规划和政策也会影响到雪豹及其栖息地保护，如国家主体功能区规划、国家重点生态功能区建设等。积极参与国家、省（区）、地区的保护规划、政策制定，应当是保护工作者的一个重点工作方向。另外，公众认知很大程度上影响着决策的可能性范围，因此宣传与教育项目也是雪豹保护不能缺少的重要方面。

保护规划制定

基于调查研究制定保护规划，可以明确保护工作目标，使保护工作更具有针对性、全局性，也利于定期衡量保护工作成效，及时弥补不足。

行动案例：中国雪豹保护行动计划、青海省雪豹保护规划、甘肃省雪豹保护规划等

行动主体：国家林业和草原局、青海省林业和草原局、甘肃省林业和草原局

国家林业和草原局委托北京林业大学制定了《中国雪豹保护行动计划（内部审议稿）》。除此之外，青海省林业和草原局委托中国林业科学研究院制定省级的保护规划，而甘肃省的雪豹保护规划由世界自然基金会协助制定。在地方层面，玉树州杂多县委托山水自然保护中心在完成了全县 20% 的抽样调查的基础上，制定了县级雪豹保护规划。

政策建议

科研机构和保护工作者可以充分利用研究成果和工作经验，向负责制定政策的政府主管部门提供咨询和建议，协助主管部门完善政策。

行动案例：《青海三江源生态保护管理办法》《三江源国家公园条例》等

行动主体：三江源国家公园管理局、阿拉善 SEE 基金会、山水自然保护中心

阿拉善 SEE 基金会、山水自然保护中心自 2012 年开始战略合作，推动三江源生态保护工作。从 2011 年开始，阿拉善 SEE 基金会与山水自然保护中心联合青海省政府法制办公室、青海省委党校等机构，主办了四期"三江源论坛"，汇集了与三江源相关的重要的政府领导和保护相关部门，以及重要的学者及民间机构。论坛的一个重要产出就是对三江源的立法进行研究和政策倡导，出台了《青海三江源生态保护管理办法》。同时，项目组人员也参加了《三江源国家公园条例》以及《青海省重点保护陆生野生动物造成人身财产损失补偿办法》修订的专家顾问团，贡献意见和建议。

在三江源国家公园澜沧江源园区的昂赛乡，阿拉善SEE基金会、山水自然保护中心、北京大学与三江源国家公园共建了昂赛保护站，推动在地的科学研究和保护工作。山水自然保护中心与青海省委党校、杂多县政府合作，向青海省委、省政府联合提交了《关于进一步做好三江源雪豹保护的建议》。2016年8月，杂多县委书记才旦周在昂赛乡通过视频连线向习近平总书记汇报了昂赛乡的国家公园试点工作，并着重介绍了当地雪豹研究和保护进展，得到总书记的肯定和赞许。

行动注意事项：

保护工作者需了解政策制定的流程和关键时间点。

政策建议过程中可充分参考、比较上位政策（如国家重点生态功能区建设）及同区域的其他相关政策规划。

管理开发、发展类项目

矿产、水电等开发项目会对雪豹栖息地造成破坏性影响，因此需要对这些项目进行干预。一方面尽量避免在脆弱生态区、关键栖息地、关键廊道等区域开展此类项目，另一方面对于开展的项目也需要在工程实施过程中对其生态影响进行监管。

行动案例：烟瘴挂峡谷保护行动

行动主体：绿色江河、中国科学院西北高原生物研究所

烟瘴挂峡谷是长江上游第一个大峡谷，是长江流域原生环境保存完好的净土。而烟瘴挂也一度被水电站建设所威胁：牙哥水电站计划修建于烟瘴挂峡谷下游，该项目一旦开始施工，峡谷生态将完全被破坏。在措池村（曲麻莱县曲麻河乡）和当地寺院的帮助下，绿色江河在10km长的烟瘴挂峡谷内架设了39台

红外照相机。通过 5 个月监测，在不足 40km² 的范围内，共拍摄到 9 ～ 14 只雪豹个体，同时也拍摄到岩羊、白唇鹿、兔狲、棕熊、石貂、马麝、狼、猞猁、赤狐等其他动物的精彩画面。绿色江河还通过调查指出，烟瘴挂峡谷中沟壑纵横，分布着非常丰富的植被类型，包括草原、草甸、山谷草甸、谷坡灌丛等。特殊的岩石地貌把周边降水蓄积到峡谷内部，更有利于牧草的发育。这里以针茅、嵩草、薹草为主的草地质量非常高，面积虽然不大，但生产力很高，能够养活数量较大的食草动物。大量的数据、图片、影像记录展示了峡谷内丰富的生物多样性和外围的文化多样性。绿色江河借助这些信息，完成调查报告提交给政府部门。青海省发展改革委高度肯定了报告内容，并明确表示：在生物多样性如此丰富的烟瘴挂地区，绝不允许建设水电站。在此基础上，绿色江河希望帮助当地社区设计规划小规模的参与式、科考式旅游，建立社区自治共管模式，为当地的可持续发展提供一种路径，使烟瘴挂峡谷自然和人文生态得到最好的保护。

行动注意事项：

理想情况下，应在开发类项目的规划阶段进行干预，因此需要保护工作者关注相关信息公示。

公众宣传

公众宣传行动（图 5-10）可以推动更多公众支持雪豹保护工作，一方面为相关政策提供基础，另一方面也可能为相关保护项目筹集资源。在新媒体快速发展的今天，通过微博、微信搭建平台，增加公众对于雪豹研究和保护的了解已经成为非常重要的方法。

行动案例：利用新媒体平台新浪微博的公众传播

图5-10 公众宣传行动可以推动更多公众支持雪豹保护工作，图为山水自然保护中心顾问 Terry Townshend 在公众交流活动中介绍三江源的雪豹

摄影：高向宇；供图：山水自然保护中心

行动主体： 西宁市动物园副园长齐新章

西宁动物园副园长齐新章，微博名"圆掌"，从 2017 年开始，基于凌雪、凌霜两只野外雪豹的救助，在微博上发起了"雪豹救护"超级话题，通过实时更新雪豹救助和恢复的动态，目前共发布了 352 条帖子，获得了 1.2 亿人次的阅读量。诸如微博这样的新媒体，极大地增加了公众对于雪豹及其保护工作的了解，同时很好地树立了政府部门在野生动物救助上的良好形象，也构建了公众参与野生动物保护的平台。

◎ 保护空缺和不足

威胁排序显示，得分最高的三大威胁为保护部门力量不足、气候变化、当地社区认知缺乏。关键信息人都不认为对雪豹的直接猎杀是目前最严重的威胁，这说明我国的雪豹保护大环境较为良好。需要解决的问题，都是更根本、更具全局性的问题，诸如保护区能力建设、民间力量参与、经济发展与环境保护的矛盾，以及气候变化等潜在威胁（图5-11）。

气候变化尚缺乏应对措施

目前我国的雪豹保护工作中尚没有专门针对气候变化威胁的行动。其他雪豹分布国开展过的行动主要是适应性生计项目，给当地社区提供更多的生计选择，增强其对气候变化的适应性，同时尽可能不要再使气候变化导致的栖息地退化问题进一步恶化。

图5-11　雪豹保护的大环境较为良好，但仍有许多需要解决的问题，雪豹的未来取决于人们今天所采取的行动

摄影：彭建生/影像生物调查所（IBE）、北京大学自然保护与社会发展研究中心、山水自然保护中心、阿拉善SEE基金会、青海省三江源国家级自然保护区管理局联合项目支持拍摄

保护部门力量不足

保护部门力量不足表现在：① 通过面积统计发现，我国保护区覆盖的雪豹栖息地面积（400 000km²）约占全国雪豹栖息地面积（1 780 000km²）的22%，保护区外的广大雪豹栖息地尚未得到法律保护；② 在现有保护区内，由于资金、人力或能力的不足，能够独立开展雪豹调查和监测的屈指可数；③ 有雪豹分布的保护区，均没有制定完整的雪豹保护规划，缺乏明确的保护目标；④ GSLEP 的全球雪豹保护规划中，计划在 2020 年前优先保护 20 个全球重要雪豹景观。该计划可以作为原有保护地体系的重要补充，在此基础上建立保护小区或国家公园，并制定相应的保护规划。我国由于官方和民间信息分享不足，仅有塔什库尔干、托木尔峰和盐池湾三块地区入选。

为应对保护区能力不足，现有的保护行动主要是保护区能力建设、社区/志愿者监测与巡护。社区/志愿者监测与巡护的覆盖面积有限，保护区内外依然有大量雪豹栖息地得不到有效监测和保护。在保护区内，需要改进体制吸引人才，并有针对性地开展培训，建立有效的监测巡护体系。有居民生活的保护区，可以利用牧民监测员作为专业保护力量的有效补充，如三江源国家公园内已经采取的生态管护员体制。在保护区外，各地需要因地制宜制定有效保护机制。青藏高原的牧民野保员、新疆的公民志愿者，均是可供借鉴的模式。

社区保护行动有待进一步加强

无论保护区内外，雪豹的栖息地都与人类的生活区域广泛重叠。社区可以成为雪豹的威胁，如报复性猎杀、盗猎等，但更有希望成为雪豹保护的巨大助力，在各地的社区保护尝试也充分证实了这一点。其中，如何增强社区对雪豹的保护动力，变阻力为助力，已经成为当前雪豹保护最重要的任务之一。

现有的保护行动中，各机构通过各种手段调动社区积极性。第一，社区宣传。通过与雪豹相关（甚至不相关）的环保宣传，帮助社区居民理解人与自然的关系，建立社区对所处生态环境的责任心。第二，社区监测与巡护。政府保护部门授权社区中一些有兴趣的成员，通过红外相机等工具的赠予和培训，让他们承担起野生动物监测和巡护的责任，并通过对此项工作的大力宣传（报纸、电视等曝光），加强全社区对身边野生动物的喜爱和自豪感，激起保护动力。第三，生态补偿。通过生态系统服务付费的方式，将责任与报酬挂钩，在给予社区保护应有的荣誉感的同时，更承认他们在其中的巨大付出和牺牲，实现物质上的公平。第四，扶贫／生计改善，虽然贫困与盗猎并不一定存在因果关系，但一些与生态保护成果直接挂钩的增收方式能提高社区保护动力却是确凿的，比如野生动物观光旅游。

在中国雪豹分布的各省（区），都尝试过社区宣传、社区监测与巡护，以及扶贫／生计改善等行动，但这些行动覆盖面积仍然太小，需要民间和政府的良好合作，通过体制力量推广到大面积的雪豹栖息地。作为国家政策，生态补偿已在西部大面积实施，但其主要针对草地和森林，而非野生动物。虽然对雪豹也有积极的间接作用，仍需要有与野生动物保护成效直接挂钩的生态补偿政策出台。

◎ 参考文献

MCCARTHY T M，CHAPRON G，2003. Snow leopard survival strategy [M]. Seattle：ISLT and SLN.

Snow Leopard Network, 2013. Snow leopard survival strategy. Version 2013 [M/

OL]. Snow Leopard Network. [2019-04-20].http：//www.snowleopardnetwork.org.

Snow Leopard Working Secretariat, 2013. Global snow leopard and ecosystem protection program[M]. Bishkek：Snow Leopard Working Secretariat.

国家林业局, 2013. 中国雪豹保护行动计划（内部审议稿）[M].

第六章

CHAPTER 6

各雪豹分布省（区）的具体情况

本章将对我国几个雪豹分布省（区）的具体情况分别详细地展开介绍，包括潜在分布范围、调查进展、威胁情况、保护工作及相应的保护空缺等。我们希望这些信息对于在这些区域开展雪豹研究和保护工作的机构、团体和个人有所帮助。

◎ 西藏自治区

雪豹潜在分布和调查进展

根据模型预测，在我国潜在有雪豹分布的省（区）中，西藏自治区拥有最广阔的雪豹潜在栖息地，达 660 798km^2。这些栖息地几乎遍布自治区全境，从南缘的喜马拉雅山脉北坡，到西北部的羌塘地区，以及自治区中南部整体沿东西方向横贯青藏高原的几大山脉（冈底斯山、念青唐古拉山）沿线（图 6-1）。

相对西藏自治区广袤的雪豹潜在栖息地，已进行的调查相对较少。夏勒博

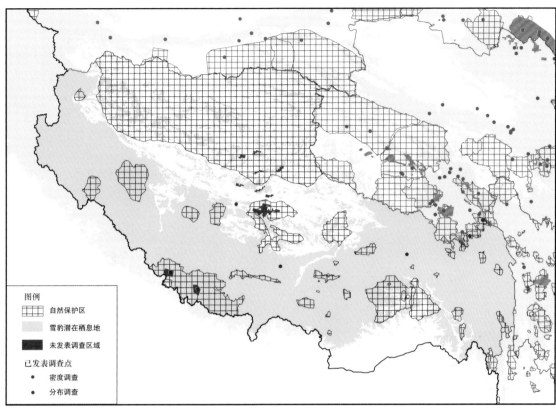

图例
自然保护区
雪豹潜在栖息地
未发表调查区域
已发表调查点
· 密度调查
· 分布调查

图 6-1 西藏自治区雪豹潜在分布范围及调查进展

士曾在西藏西北部进行大范围调研，但很少遇到雪豹痕迹。他认为，由于岩羊密度较低和缺乏适宜栖息地，羌塘保护区以及冈底斯山脉、念青唐古拉山脉等区域的雪豹都是稀少和局部性的（Schaller，1998）。

在羌塘及周边地区，进入 21 世纪后开展的一系列调查显示，这一区域很可能存在相当数量的雪豹种群（图 6-2 ～ 图 6-4）。周芸芸等（2014）对2006—2009 年间采集的粪便样本进行了分析，确认羌塘国家级自然保护区有雪豹分布。2010 年前后的一次调查显示，羌塘南部（包括申扎、南尼玛和双湖县南部）有很高的岩羊种群密度和石山地带。色林错周边的石山地带有

大量雪豹的痕迹，说明野生动物保护法的潜在成效（John Farrington，未发表资料）。

2015 年夏季，西藏自治区林业厅和野生生物保护学会在羌塘的阿里、那曲进行了雪豹种群研究的预调查。结合栖息地模型预测、地方林业局经验以及西藏自治区野生动物肇事补偿记录，研究组选择了位于羌塘南部的那曲市申扎县马跃乡两个村作为雪豹种群调查区域。研究组将调查区域划分为 5km×5km 的网格，每网格架设 1～3 个相机位点。截至 2017 年 1 月的数据显示，某 550km^2 范围内至少有 20 只成体 / 亚成体雪豹及 5 只幼崽。空间标记重捕模型计算的种群密度为 3.04 只 /100km^2（95% 置信区间 1.80～4.36，p=0.568），这是已知相同方法测算的最高密度之一。2017 年年末，当地红外相机监测网络延伸至马跃乡全境，共 146 个相机位点，覆盖栖息地总面积 2000km^2。同期，羌塘保护区那曲管理分局与野生生物保护学会合作，按照人类影响梯度抽样，在那曲市双湖县和尼玛县 6 个乡镇 10 个行政村建立了 7 片小范围监测区。每片监测区面积 250～325km^2，总监测面积 1800km^2，由 114 个相机位点构成。现羌塘地区红外相机监测区域总面积 3800km^2，共 260 个相机位点。拍摄到的大量雪豹影像表明，羌塘区域的雪豹分布和数量很可能远远超过之前的预期（图 6-3，图 6-4）（野生生物保护学会，访谈信息 / 未发表材料）。

图 6-2　研究人员在羌塘进行考察

摄影：徐雯靓；供图：野生生物保护学会

图 6-3　在色林错国家级自然保护区，野生动物管护员检查红外相机内的影像

摄影：万智康；供图：野生生物保护学会

　　珠穆朗玛峰国家级自然保护区（以下简称"珠峰保护区"）是西藏自治区另一调查较多的地区。Jackson 等（1994）估计珠峰保护区（33 810 km²）有多达 100 只雪豹。2014 年开始，珠峰保护区联合珠峰雪豹保护中心、北京林业大学调查团队，对珠峰保护区雪豹的相关情况进行了调查。在 4 处调查地——吉隆县扎龙村（112km²）、定日县绒辖乡（96 km²）、曲当乡（32 km²）和定结县日屋乡（48 km²）开展样线调查，布设红外相机，推测得出保护区雪豹密度为 1.8 ~ 2.5 只 /100km²，与相邻的尼泊尔自然保护区相似（Chen et al.，2016）。在此基础上，Bai 等（2018）以 4km×4km 方格的方式布设红外相机，2015 年在曲当 208km² 的范围内进行了约 1 个月的监测，2015—2016 年在扎龙进行了三次红外相机监测，覆盖面积分别为 400、480 和 790km²。此外还在定日县扎西宗 750km² 范围内进行了痕迹调查。结合最大熵模型，该研究指出珠峰保护区内雪豹的适宜生境面积为 7001.93km²，占保护区总面积的 20.71%。

图6-4　红外相机在羌塘记录下的雪豹

供图：野生生物保护学会

与尼泊尔接壤的区域是主要的栖息地。

1995年一次调查显示，拉萨以南沿不丹边界超过40 000km² 区域内，雪豹在之前的10年中已经消失（Schaller，1998），但2000年前后青藏高原实施了枪支禁令，这一区域现在的雪豹情况可能有所改变。

调查空缺：西藏的雪豹栖息地幅员辽阔，目前雪豹数量调查仅覆盖了栖息地的0.68%，且调查区域集中在珠峰保护区和羌塘，整个西藏南部的喜马拉雅山脉和冈底斯山脉、念青唐古拉山脉都缺乏调查。

威胁及排序

西藏自治区是各雪豹分布省（区）中整体威胁评分最低的。评级最高的威胁为气候变化（图6-5），评分者给出的描述是"西藏自治区面临气候变化的影响非常巨大，冻土层融化和极端天气可能加速草场的退化，严重改变生态资源"。其次是保护部门力量不足，评分者给出的描述是"保护部门在普法、反盗猎方面能力较强，但科学监测、防止报复性猎杀、引导社区参与保护等方面较缺乏能力"。排序第三的是家畜竞争导致的猎物种群减少，评分者给出的描

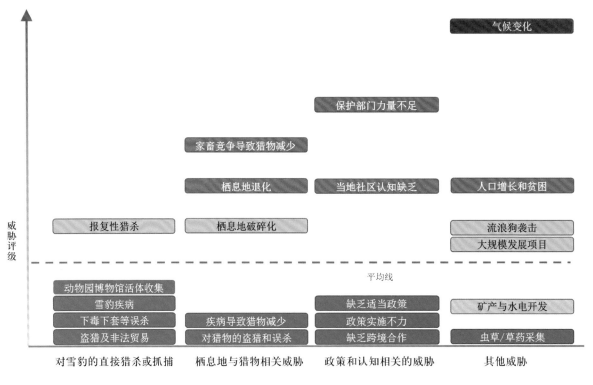

图6-5 西藏自治区雪豹所受威胁排序

述是"除了羌塘北部，自治区内广大雪豹栖息地和社区分布重叠度高。家畜竞争是潜在威胁，但没有证据表明当地家畜竞争已造成猎物种群减少"（图 6-5，表 6-1）。

保护不足及空缺

1. 气候变化

气候变化是西藏自治区评分最高的威胁因素。西藏北部地区面临着严峻的气候变化影响，这里的气候变化速度是全球均速的两倍以上，极端天气和冻土层的融化加速了草场的退化。当地民众的传统游牧生产生活方式高度依赖草场资源，对气候变化的适应力弱。西藏自治区高海拔地区生态搬迁项目逐步开始推行，以那曲市尼玛县荣玛乡为例，部分人口将被疏散至自治区南部城市及郊区，此举将显著缓解当地生态压力，改善人与野生动物对自然资源的竞争关系，增强生态对气候变化的适应性。此外，尚未开展其他专门针对气候变化的保护行动，我们建议参考其他雪豹分布国开展的适应性生计项目，为当地社区提供更多的生计选择，如发展精细化牧业产品、手工艺品、生态观光旅游项目等，降低对自然资源的依赖程度，增强其对气候变化的适应性。

2. 保护部门力量不足

西藏自治区保护部门在执法、普法、保护区巡护体系建设等方面投入了大量资金和精力；保护部门能力相对较强，保护工作卓有成效。一方面，据不完全统计，自治区内针对雪豹的商业盗猎低至零星水平，甚至在很多地区已绝迹；另一方面，保护区在科学监测、评估保护风险、防止报复性猎杀、动员社区参与保护等方面的能力尚有不足。目前保护部门在这些方面的能力建设尚处于起步阶段。科学监测和调查方面，目前仅在那曲市申扎县、双湖县、尼玛

表 6-1　西藏自治区保护行动与威胁排序对应关系

威胁分类	威胁	评级	保护地建设			人兽冲突补偿/保险	扶贫/生计改善
			保护区监测与反盗猎巡护	保护区能力建设	建立新保护地		
对雪豹的直接猎杀或抓捕	报复性猎杀	3.0	√			√	√
	盗猎及非法贸易	0.0	√				
	动物园和博物馆的活体收集	0.0	√				
	针对其他物种下毒、下套等导致的误杀	0.0	√			√	√
	雪豹疾病	0.0					
栖息地与猎物相关威胁	栖息地退化	4.0			√		√
	栖息地破碎化	3.0			√		
	盗猎和误杀导致的野生猎物种群减少	0.0	√				
	家畜竞争导致的野生猎物种群减少	5.0					√
	疾病导致的野生猎物种群减少	0.0					
政策和认知相关的威胁	缺乏适当政策	0.0				√	
	政策实施不力	0.0					
	缺乏跨境合作	0.0			√		
	保护部门力量不足	6.0		√			
	当地社区认知缺乏	4.0					
其他威胁	气候变化	8.0					
	人口增长和贫困	4.0				√	√
	流浪狗袭击雪豹及其猎物	3.0					
	虫草/草药采集造成的干扰	0.0					
	大规模发展项目	3.0			√		
	矿产与水电开发	1.0			√		

注：√表示行动与威胁相对应；彩色底色表示该地区已开展此类行动。

基于社区的保护行动						政策与公众推动			
社区/公民志愿者监测与反盗猎巡护	放牧管理	流浪狗管理	虫草/草药采集管理	社区宣传教育	气候变化适应性生计	制定保护规划	管理开发/发展类项目	政策建议	公众宣传
√				√					
√				√					√
√									
√				√					
		√							
	√						√		
							√		
√				√					
	√								
						√		√	√
						√		√	
√									
√				√					
					√				
		√							
			√	√					
							√		
							√		

县几处保护区管护站推行了试点，包括利用红外相机进行针对雪豹的科学监测、对周边牧民进行人兽冲突入户访谈调查等。随着保护部门的意识和意愿逐渐增强，试点方案的尝试和推广，保护区能力不足的空缺能够得到逐步改善。与此同时，因西藏自治区土地广袤，保护区难以覆盖到全部雪豹的关键栖息地，应考虑充分调用基层群众力量投入到基于社区的监测与反盗猎巡护中，作为保护部门的有效补充，如羌塘国家级自然保护区和色林错国家级自然保护区 2008 年建立的野生动物协议管护员体系。

3. 家畜竞争导致的猎物种群减少

此项得分较高主要是由于评分者认为该威胁缺乏研究，对于自治区范围内家畜对猎物种群造成的影响情况尚不清晰。此项威胁主要体现为科学研究空缺。

◎ 新疆维吾尔自治区

雪豹的潜在分布和调查进展

新疆的雪豹潜在栖息地面积仅次于西藏，为 476 398km²，接近自治区全部面积的30%。这些栖息地主要分布在自治区南部的昆仑山脉、中部的天山山脉、北部的阿尔泰山脉，以及西部的喀喇昆仑山、帕米尔高原（图6-6）。

新疆多地都开展了雪豹分布及种群数量调查。文献报道包括了阿尔泰山（马鸣 等，2005；徐峰 等，2005；徐峰 等，2006；徐峰 等，2007）、天山（Schaller et al.，1988a；马鸣 等，2005；徐峰 等，2005；McCarthy et al.，2008；马鸣 等，2006；Xu et al.，2010；Turghan et al.，2011；Wu et al.，2015；Pan et al.，2016；Buzzard et al.，2017a）、帕米尔高原以及昆仑山—阿

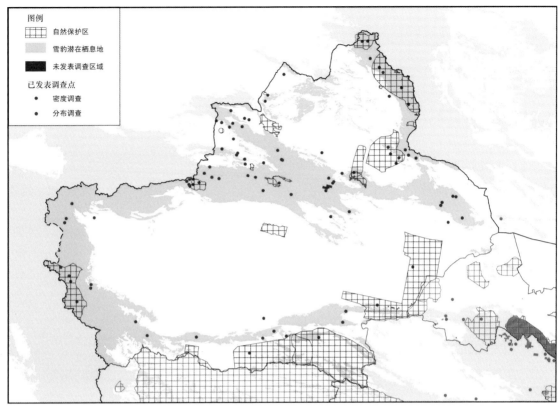

图 6-6　新疆维吾尔自治区雪豹潜在分布范围及调查进展

尔金山（Schaller et al.，1988a；马鸣 等，2005；Wang et al.，2014；Laguardia et al.，2015）等主要雪豹潜在栖息地。

　　此外，2014 年起，荒野新疆对新疆的东天山、西天山、南天山、昆仑山、帕米尔高原、阿尔泰山、准噶尔界山等雪豹主要栖息地开展了访谈和红外相机调查，初步对新疆三大山系所形成的雪豹种群扩散大廊道进行了摸底调查，对栖息地的连通度、雪豹热点区域等进行了评估和圈定（图 6-7，图 6-8）。项目组与林业管理部门、保护区、社会组织协同，利用荒野新疆广泛的自然爱好者

图 6-7　新疆阿尔泰山雪豹栖息地
摄影：宋鸿斌　供图：荒野新疆

群体及志愿者、在地社区人员等，正在建设以乌鲁木齐为中心，涉及哈密地区、伊犁地区、阿尔泰地区、阿克苏地区、喀什地区、巴州、克州、博州的大范围的信息搜集和基础监测网络。

新疆的野生动物资源曾经很丰富，但在 20 世纪中期遭受了重大破坏。20 世纪 60 年代前，因为人兽冲突，雪豹遭受了有组织的猎杀（Schaller et al.，1988a）。雪豹未来的生存需要保护良好的大片栖息地和反盗猎措施。截至 2013 年，新疆已建立 35 个自然保护区，其中 20 个有雪豹分布（马鸣 等，2013）。综合前人利用红外相机、样线调查、食物量估计等方法调查的文章，大部分雪豹的分布范围都被保护区覆盖，有雪豹 588 ~ 837 只，占全新疆的

图 6-8 红外相机拍摄到雪豹在进行标记

供图：荒野新疆

50% ~ 60%。保护区内的密度（大于 2.51 只 /100km²）显著高于平均密度（1.93 只 /100km²），保护区对雪豹的生存和繁殖起着积极的作用（Xu et al., 2014）。

阿尔泰山脉位于新疆维吾尔自治区北部，是中国雪豹分布最北端（图 6-7）。2004 年 9 月，新疆雪豹研究小组曾在阿尔泰山东部青河地区进行调查，结果显示雪豹痕迹相当稀少，主要原因是牧民的报复性猎杀和缺少食物资源（徐峰 等，2006）。在自治区东北部与蒙古国毗邻的北塔山地区，同期的样线调查发现了 67 处雪豹痕迹，以及作为雪豹主要猎物的北山羊（徐峰 等，2007）。

自 2017 年起，世界自然基金会开始在阿尔泰山区域开展雪豹栖息地调查，包括与新疆阿尔泰山两河源自然保护区和卡拉麦里有蹄类野生动物自然保护区建立合作，启动中国境内阿尔泰山脉首次雪豹专项监测。调查覆盖了保护区及周边准噶尔盆地雪豹潜在栖息地，重点识别阿尔泰山前山带、准噶尔东部戈壁以及与蒙古国相连的北塔山等地潜在的重要雪豹栖息地。2017 年 4—7 月，研究组分别在阿勒泰地区青河县和富蕴县境内开展调查，共安装红外相机 39 台，覆盖栖息地约 500km²，并在该区域首次拍摄到雪豹影像。2018 年 5—8 月，两河源保护区系统雪豹监测工作开始。研究组筛选出面积约 1500km² 的优质栖息地，以 5km×5km 网格进行监测，工作仍在进行中。此项目首次在阿尔泰山地区记录到雪豹影像资料，但从已获得的部分数据来看，该区域雪豹密度并没有想象中高（世界自然基金会提供材料）。

天山山脉横贯自治区中部，也是雪豹调查相对较多的区域（图 6-9）。

托木尔峰国家级自然保护区位于自治区西部阿克苏地区，是自治区内雪豹重要的栖息地。夏勒博士 20 世纪 80 年代在这里进行调查时曾经在木扎沟发现了雪豹痕迹（Schaller et al., 1988a）。新疆雪豹研究小组在 2004 年和 2005 年进行过两次集中的痕迹调查及访谈，2005 年，马鸣等在这里进行了中国第一次利用红外相机拍摄雪豹影像的尝试，并取得了成功。利用这些调查数据，研

图 6-9　志愿者在天山进行雪豹调查

摄影：何兵；供图：世界自然基金会（WWF）

究人员采用多种方法对雪豹种群数量与密度进行了分析，该地区雪豹种群密度约在 0.32 ～ 5 只 /100km²。遗传学调查结果显示，保护区内至少有 9 只雪豹个体（马鸣 等，2006；徐峰 等，2006；马鸣 等，2011；McCarthy et al.，2008；Turghan et al.，2011）。

20 世纪 80 年代夏勒博士曾在乌鲁木齐以东的北山、南山、Karlik 山（哈密地区）调查，几乎没有发现雪豹痕迹。他在属于西天山的 Horedaban Shan 约 750km² 范围内只发现了一处确定的雪豹痕迹（Schaller et al.，1988a）。

在乌鲁木齐附近的东天山地区，Wu 等人在 2014—2016 年采用定点观测法和样线法统计西伯利亚北山羊的数量，估计其密度为（154 ± 23）只 /

100 km²，使用食物量估算法得出雪豹密度为 1.31 ～ 2.58 只 /100 km²（Wu et al.，2015）。

2014 年起，荒野新疆首次在乌鲁木齐郊区天山区域开展雪豹调查。截至 2018 年，仅在乌鲁木齐南山、达坂城区的两个项目地就监测到超过 60 只雪豹个体，记录到 11 个繁殖家庭。其中一只个体被监测的时间已经超过了 4 年。研究人员初步估计乌鲁木齐及周边区域雪豹数量超过 100 只，是一个特殊的雪豹景观（荒野新疆访谈信息）。

2014—2016 年间，Buzzard 等利用红外相机在天山山脉的乌鲁木齐、乌苏、精河、伊犁四处区域进行监测，均拍摄到了雪豹影像（Buzzard et al.，2017a）。

在自治区西北部博尔塔拉蒙古自治州北部准噶尔—阿拉套山地区，虽然夏勒博士曾估计雪豹在这里可能已经消失（Schaller et al.，1988a），但 Pan 等（2016）在 2012—2014 年进行红外相机监测，最终监测到 11 ～ 15 只成年雪豹和 2 只未成年雪豹。

昆仑山西接自治区西南部的帕米尔高原，向东连接阿尔金山，组成了雪豹在自治区南部的重要栖息地。

塔什库尔干自然保护区在西昆仑山与帕米尔高原东部、喀喇昆仑山交汇的位置，夏勒博士曾调查了保护区西半部分，并估计整个保护区 1455km² 范围内有 50 ～ 75 只雪豹（Schaller et al.，1988a）。北京林业大学团队于 2009 年和 2011 年通过样线法采集食肉动物粪便，确认了该保护区内仍有雪豹生活（Wang et al.，2014；Laguardia et al.，2015）。

夏勒博士在阿尔金山保护区以西的区域进行过 3 周的调查，并没有找到雪豹的痕迹，这点也与他们访谈牧民的结果相符（Schaller et al.，1988a）。自 2010 年起，在科技部"库姆塔格沙漠综合考察"项目及中国林业科学研究院重点基金的支持下，森林生态环境与保护研究所自然保护区与生物多样性学科组在阿尔金山北麓开展了持续的红外相机监测工作。由于研究区域属于干旱荒漠地区，为记录到尽可能多的物种，红外相机部署在阿尔金山北麓的 7 个水源地，监测鸟兽物种多样性和丰富度。2010—2012 年间共记录到 26 个物种，其中 2 个水源地记录到雪豹分布，获得 5 次独立捕获；2013—2016 年的监测数据仍在分析。

新疆罗布泊野骆驼国家级自然保护区管理局的红外相机监测数据表明，2014—2016 年在水源地连续三年记录到雪豹活动。

调查空缺：新疆的雪豹栖息地主要分布在东天山、西天山、阿尔金山和阿尔泰山脉，虽然分布调查各处都有涉及，但雪豹数量调查只覆盖了栖息地的 0.49%。三大山脉的数量调查都需要在更大范围内进行。

威胁及排序

新疆维吾尔自治区威胁因素评分排序中，保护部门力量不足以及缺乏跨境合作并列得分最高。评分者给出的描述分别是"保护人员配备人数和技能不足"和"由于反恐需求不太可能有跨境合作"。得分紧随其后的是疾病导致的猎物种群减少，评分者的描述是"2014—2016 年天山爆发大范围北山羊疫情，许多地方数量下降惊人"。当地社区认知缺乏的得分虽然也较高，但评分者给出的描述是"社会普遍已有动物保护认知，或者保护法认知，少数民族地区整体对待动物的态度较好"（图 6-10，表 6-2）。

保护不足及空缺

1. 保护部门力量不足

此问题包括两种情况：第一，新疆雪豹栖息地面积广阔，保护区覆盖比例较小，新疆大部分雪豹栖息地并未划入保护区体系。例如，天山东部国有

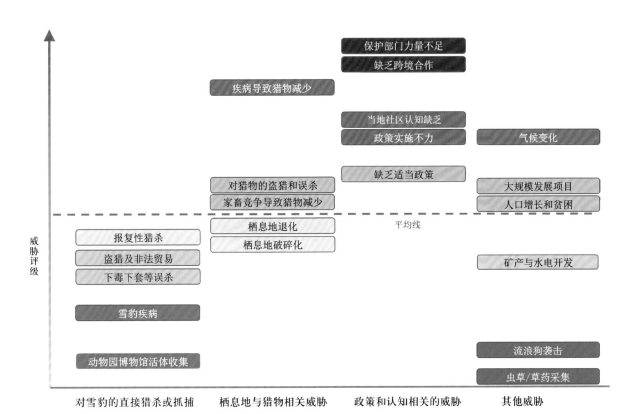

图 6-10　新疆维吾尔自治区雪豹所受威胁排序

林管理局所辖 11 个分局，涵盖了天山最重要的雪豹景观，但其辖区内没有一个保护区。这些管理部门的工作依然以森林管护、抚育、防火等为主，野生动物资源管护人员的能力建设上就更加不足，同时也缺乏配套资源。第二，在阿尔泰山、西天山、阿尔金山、昆仑山、帕米尔高原的部分地区有保护区覆盖了雪豹栖息地；各级保护区在资源管理上基本做到了禁采禁伐、抵制矿业开发、控制人员无序进入、牧业管理等，客观上对潜在雪豹栖息地起到了较好的保护作用。但保护区内雪豹及相关物种基础监测信息采集、管理以及威胁识别应对的能力普遍缺乏。保护区管理人员编制不足和相关能力培训欠缺是主要原因。

表 6-2　新疆维吾尔自治区保护行动与威胁排序对应关系

威胁分类	威胁	评级	保护地建设			冲突预防措施	人兽冲突补偿/保险	扶贫/生计改善
			保护区监测与反盗猎巡护	保护区能力建设	建立新保护地			
对雪豹的直接猎杀或抓捕	报复性猎杀	6.0	√			√	√	√
	盗猎及非法贸易	5.0	√					
	动物园和博物馆的活体收集	1.0	√					
	针对其他物种下毒、下套等导致的误杀	5.0	√			√	√	√
	雪豹疾病	3.0						
栖息地与猎物相关威胁	栖息地退化	6.5			√			√
	栖息地破碎化	6.0			√			
	盗猎和误杀导致的野生猎物种群减少	7.5	√					
	家畜竞争导致的野生猎物种群减少	7.0						√
	疾病导致的野生猎物种群减少	12.0						
政策和认知相关的威胁	缺乏适当政策	8.5					√	
	政策实施不力	10.0						
	缺乏跨境合作	13.5			√			
	保护部门力量不足	13.5		√				
	当地社区认知缺乏	10.5						
其他威胁	气候变化	10.0						
	人口增长和贫困	7.0					√	√
	流浪狗袭击雪豹及其猎物	1.5						
	虫草/草药采集造成的干扰	0.0						
	大规模发展项目	7.0			√			
	矿产与水电开发	5.0			√			

注：√表示行动与威胁相对应；彩色底色表示该地区已开展此类行动。

基于社区的保护行动								政策与公众推动				
社区/公民志愿者监测与反盗猎巡护	放牧管理	家畜疫病防治	拆围栏	流浪狗管理	虫草/草药采集管理	社区宣传教育	气候变化适应性生计	制定保护规划	生态补偿	管理开发/发展类项目	政策建议	公众宣传
√						√						
√						√						√
√												
√						√						
				√								
	√		√						√	√		
			√							√		
√						√						
	√								√			
		√										
								√			√	√
								√		√		
√												
√						√			√			
							√					
									√			
				√								
					√	√						
											√	
											√	

2. 缺乏跨境合作

新疆与俄罗斯、哈萨克斯坦、吉尔吉斯斯坦、塔吉克斯坦、巴基斯坦、蒙古国、印度、阿富汗八国接壤，边境线长达 5600 多千米。而阿尔泰山、天山西部、天山南部、准噶尔界山、帕米尔高原的雪豹栖息地都与邻国相接，但因为边界安全需要，边境隔离设施已经对跨境栖息地造成了分割，野生动物的迁徙通道被隔离，雪豹种群间基因交流被阻断。改善这一情况还需要更多的跨境合作。

3. 猎物疾病

2014—2016 年天山广大区域暴发疫情（小反刍兽疫），造成北山羊为主的猎物种群大幅下降，进而导致人兽冲突及对雪豹报复性猎杀的威胁提升。做好家畜疾病预防及疫情监测，以及加强放牧管理是目前可能开展的应对措施。

4. 当地社区缺乏认知

新疆的雪豹栖息地多与牧业活动重叠，少数群众存在对雪豹皮毛等制品的传统需求，这是盗猎活动的根源之一。近年来各级管理部门在打击盗猎、管理枪支、普及动物保护法方面开展工作，取得了卓越的成果。牧区群众普遍对《野生动物保护法》具备了认知和理解，但尚未对雪豹等有可能造成家畜损失的大型兽类建立起友好态度或者自豪感。因此尚需加强社区宣传教育，引导牧民将保护雪豹、保护绿水青山与民族文化结合起来。

5. 雪豹疾病和家畜竞争导致的猎物种群减少

目前针对这两项威胁的保护空缺主要体现为信息欠缺，对雪豹疾病的信息采集和监测困难，在放牧对野生猎物种群的影响方面也尚无研究，因此也尚无针对性的保护措施。尽快弥补这些信息空缺有助于分析了解雪豹生存现状，以及设计相应的保护措施。

6.气候变化和流浪狗威胁

这两项威胁虽然在排序中并不居于前列，但都没有与之对应的保护行动。对于气候变化，可参考其他雪豹保护国的适应性生计项目。目前在新疆部分地区可见流浪狗野化威胁雪豹猎物情况，尚未形成突出威胁，还需要继续关注。

◎ 青海省

雪豹潜在分布和调查进展

根据模型预测，青海省的雪豹潜在栖息地面积为 330 768km^2。主要分布于昆仑山、祁连山、巴颜喀拉山、布尔汗布达山、阿尼玛卿山、唐古拉山等地（图 6-11）。

早期青海雪豹调查主要以痕迹调查和居民走访的形式开展，对雪豹的分布进行过粗略的描述。廖炎发（1985）自 1973 年到 1981 年，深入雪豹活动地区，跟踪雪豹足迹、采集粪便及食物残骸，访问当地群众及畜产品的收购部门，并调研西宁市人民公园 17 年来的收购记录。他发现，青海省雪豹主要分布在昆仑山系的祁连山、托勒山、托勒南山、疏勒山、巴颜喀拉山、布尔汗布达山、阿尼玛卿山、唐古拉山，遍及青海省内 20 个县及大柴旦部分地区。雪豹分布数量较多的县为祁连、天峻、都兰、杂多 4 个县。

夏勒博士等自 1984 年到 1987 年也开展了大范围雪豹调查。经过 6 个月的样线调查、有蹄类动物计数以及对当地牧民的询问，他们在青海省的所有主要山区以及多个小山丘都发现了雪豹，认为当时青海省 9% 的区域

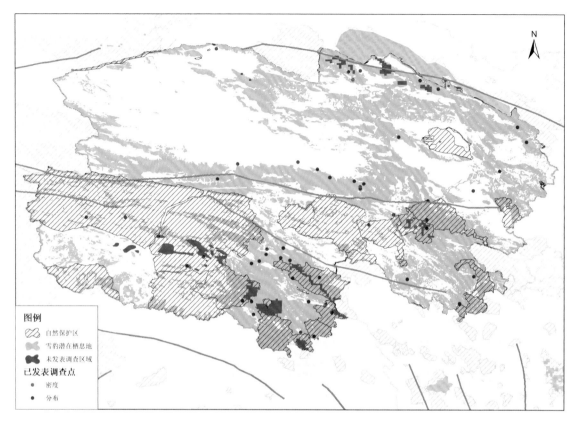

图6-11　青海省雪豹潜在分布范围及调查进展

（约65 000km²）都有雪豹分布。全省总体密度约在1只/100km²，基于此估计，全省雪豹数量为650只左右（Schaller et al.，1988b）。

　　北京大学团队与山水自然保护中心于2009年进入青海省三江源区域开展相关工作。初期的雪豹项目以覆盖三江源全区的雪豹分布与威胁调查为主，而李娟等利用雪豹痕迹点和最大熵模型预测的结果表明，雪豹分布区域占三江源地区总面积的25%，超过89 602km²，主要分布在昆仑山、巴颜喀拉山和唐古拉山（Li et al.，2014）。其核心区域包括大约7674km²雪豹栖息地。

　　在三江源的广大区域，目前已有较多研究人员和保护机构开展调查、监测和研究工作（图 6-12）。

长江源区域，夏勒博士在治多县进行过调查。

李娟（2012）报告说，在三江源自然保护区的索加区域，雪豹种群密度达到 3.1 只／100km²，治多县可能是有记录以来密度最高的区域。

治多县索加乡，谢然等在青海林业厅项目办公室和中国林业科学研究院的支持下，从 2016 年 3 月开始在莫曲村、牙曲村以及君曲村，对 24 个当地牧民进行培训，并放置了 60 台红外相机。获取的数据仍在分析中（访谈信息）。

玉树藏族自治州曲麻莱县的烟瘴挂峡谷，绿色江河自 2014 年 5 月初开始，在措池村和当地寺院的支持下，组织 60 余名志愿者在烟瘴挂峡谷两侧不足 40km² 的范围内安装 6 部无线传输摄像机和 39 部红外相机。结果显示，在

图 6-12　在三江源区域，研究人员和保护机构开展雪豹的调查、监测和研究工作。民间保护机构在年保玉则用红外相机拍摄到的雪豹图像——捕猎后的雪豹正在慢慢享用猎物

供图：年保玉则生态环境保护协会

通天河北岸可能生活有 5 ~ 7 只雪豹，南岸有 3 ~ 5 只，调查期间，烟瘴挂峡谷内通天河全流域无冰封且水势湍急，故雪豹种群无交叉个体。据此估计，在烟瘴挂峡谷不到 40km² 的范围内生活有 8 ~ 12 只雪豹。2015 年，绿色江河将红外相机向北扩展到夏俄巴周边，总数达 54 部。西北高原研究所连新明副研究员正在开展数据整理分析工作。（绿色江河访谈信息）

2013 年 10 月，在通天河沿岸的哈秀乡云塔村，山水自然保护中心开展以雪豹为主要目标的社区监测项目。在 10 个 5km × 5km 的网格内，社区监测组布设了 14 个红外相机位点，覆盖了 250km²。标记重捕模型估计当地雪豹密度为 4.7 只 /100km²（SE=1.1），成年雪豹密度为 3.1 只 /100km²（SE=1.1）。2014 年年底，云塔的监测区域向阿夏村扩展，监测总面积达到 350km²。阿夏村收获了 41 838 张照片，一年后停止。云塔村的社区监测一直持续至今，共拍摄红外相机照片 115 873 张。（山水自然保护中心访谈信息）

2017 年，山水自然保护中心和通天河沿岸的东仲林场、曲麻莱县、称多县合作，将曲麻莱县—云塔—称多县—东仲林场连成一片，一共划分 71 个 5km × 5km 网格，放置了 102 台红外相机，覆盖约 1775km² 的区域。数据仍在整理中（山水自然保护中心访谈信息）。

澜沧江源地区，夏勒博士等通过痕迹估算，认为杂多县扎青乡和昂赛乡每 25 ~ 35km² 有 1 只雪豹，此外，玉树县巴塘乡、阿尼玛卿雪山乡的雪豹密度也在这个范围。疏勒南山可能更高，其他地区却有可能受到大量捕猎的影响，雪豹密度很低（Schaller et al.，1988b）。

在杂多县扎青乡地青村，山水自然保护中心于 2014 年 4 月开始培训了 20 名村民监测队员（2017 年年底扩展到了 40 人），在 900km² 内按照 5km × 5km 网格布设 38 台红外相机，并持续监测至今，共拍摄了 550 999 张照片。基于冬季数据，标记重捕模型估计监测区域内雪豹总数为 24 只（SE=1.36，95% CI=24 ~ 30 只），其中成年个体的数量为 20 只（SE= 1.38，

95% CI=20 ~ 26 只）。经计算，取样面积内雪豹密度为 1.9 只 /100km^2（SE=0.1），成年雪豹密度为 1.6 只 /100km^2（SE=0.1）。

在昂赛乡，2015 年 11 月山水自然保护中心开始培训牧民监测队员们开展红外相机监测，监测网络最终在 2017 年 11 月覆盖全乡。监测队共 87 名队员，在 77 个 5km×5km 网格中布设 83 个红外相机，覆盖了 1925km^2 的区域面积，至今拍摄了 356 648 张照片（山水自然保护中心访谈信息）。

在白扎乡西部，巧女公益基金会和猫盟 CFCA 于 2018 年 3 月布设了 105 台红外相机，覆盖白扎保护地核心区。调查区域被划分为 5km×5km 共 40 个网格，总面积 1000km^2。每一个网格选择两个最适相机位点，每个位点布设 1 台红外相机，已拍摄到金钱豹、雪豹、马麝、马鹿、猞猁等多种野生动物。详细数据分析正在进行中（猫盟 CFCA 访谈信息）。

黄河源区域的阿尼玛卿雪山是很多高原野生动植物非常重要的栖息地，也是在整个藏区影响最为广泛的神山之一。在藏区，神山之间几乎都是雪豹的活动范围（图 6-13）。夏勒博士在 20 世纪 80 年代曾在这里的两个区域进行痕迹调查和走访，并估计这里的雪豹密度为 25 ~ 35km^2 中有 1 只雪豹（Schaller et al.，1988b）。

2017 年 1 月起，原上草自然保护中心与中国林业科学研究院、青海林业厅野生动植物和自然保护区管理局、世界自然基金会合作，在下大武、雪山乡和东倾沟三地 2000 多平方千米的区域内架设约 100 台红外相机。目前记录到超过 500 次雪豹活动的影像。该区域内存有一个健康的雪豹种群。后续数据仍在分析中（原上草自然保护中心访谈信息）。

周芸芸等（2014）于 2006—2009 年，在三江源国家级自然保护区的治多县、杂多县、玉树县、囊谦县和曲麻莱县共采集并鉴定了 45 份雪豹粪便样品。进一步分析认为，该区域至少有 29 只雪豹，其中治多县调查点至少有 15 只。2014 年，周芸芸等对于青海囊谦县、治多县和甘肃党河南山地区 3 个地区的

图 6-13　玉树藏族自治州曲麻莱县措池村，远处是巨石林立的夏俄巴神山。
在藏区，神山之间几乎都是雪豹活动的范围

摄影：连新明；供图：中国科学院西北高原生物研究所

雪豹粪便DNA进行分析，认为雪豹具有高度多态性，有较丰富的遗传多样性。同时，研究人员根据遗传距离推测：3个区域间雪豹基因交流可能受到阻碍，其地理距离和空间上的人为及自然障碍都是可能的原因。随着人类活动干扰不断加大，雪豹生境可能出现片段化趋势，加剧雪豹居群之间基因交流阻碍，因此需要加强对雪豹分布区间生境廊道的建设和保护（周芸芸 等，2015）。

都兰县位于昆仑山余脉布尔汗布达山区。2005年，Janečka等（2008）在都兰县两天内收集并鉴定了3份雪豹粪便样品，经检测来自同一只雄性雪豹。张于光等（2009）于2005年和2007年在青海省都兰县宗加镇、诺木洪村和治多县索加乡收集并鉴定了21份雪豹粪便，实验表明3个取样区均有雪豹存在，且存在较丰富的遗传多态性。吴国生（2009）于2009年采用样线法和访问调查法，对都兰县沟里乡智玉村地区的雪豹进行了粗略调查，初步估计当地雪豹最小种群数量为6.86只，有蹄类动物最小种群密度为2.88只/km²。该地区牧民普遍认为雪豹数量比20年前有明显下降。在都兰县沟里乡的300km²区域，Xu等（2008）于2016年3—5月进行了440km的样线调查，记录到72处雪豹痕迹；在该区域安装的6个正常工作的红外相机捕获雪豹8次。

夏勒博士曾指出，在与甘肃省临近的疏勒南山地区可能是他调查范围内雪豹密度最高的区域（Schaller et al.，1988b）。2017年5月起，中国林业科学研究院李迪强研究组作为技术支撑单位，与青海省祁连山自然保护区管理局共同组成了青海祁连山雪豹监测组，对青海祁连山山地进行了系统调查。研究组共在69个5km×5km网格以及黄藏寺分区布设了154台红外相机，覆盖了近2000km²祁连山山地。截至2017年9月，共有37台相机记录到雪豹，共获得176次独立捕获。油葫芦保护分区、央隆地区拍摄到了多个雪豹群体。调查期间，研究人员还采集了88份动物粪便样品，其中35份鉴定为雪豹，成功识别雪豹个体10只，其中雄性个体5只，雌性个体5只。雪豹的个体识别及密度估计有待结合下一阶段数据进行分析。

调查空缺：青海省雪豹调查的完成面积最大，占全省栖息地的 4.44% 左右，但距离 20% 依然有很大差距。青海省的密度调查主要集中在三江源区域和青海省祁连山地区。密度调查的空缺位于果洛州东南角，以及昆仑山脉和祁连山、昆仑山之间的小山。

威胁及排序

青海省的威胁评分整体较低。评级最高的为保护部门力量不足，评分者给出的描述是"林业部门及保护区人员不够、资金有限、能力有待提升，雪豹保

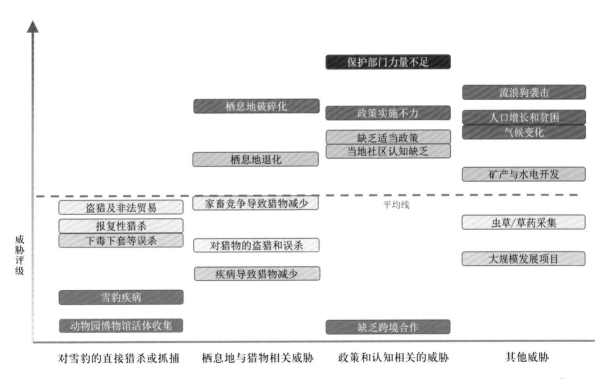

图 6-14 青海省雪豹所受威胁排序

表 6-3　青海省保护行动与威胁排序对应关系

| 威胁分类 | 威胁 | 评级 | 保护地建设 | | | 冲突预防措施 | 人兽冲突补偿/保险 | 扶贫/生计改善 |
			保护区监测与反盗猎巡护	保护区能力建设	建立新保护地			
对雪豹的直接猎杀或抓捕	报复性猎杀	4.7	√			√	√	√
	盗猎及非法贸易	5.0	√					
	动物园和博物馆的活体收集	1.0	√					
	针对其他物种下毒、下套等导致的误杀	4.7	√			√	√	√
	雪豹疾病	2.0						
栖息地与猎物相关威胁	栖息地退化	6.7			√			√
	栖息地破碎化	8.0			√			
	盗猎和误杀导致的野生猎物种群减少	4.3	√					
	家畜竞争导致的野生猎物种群减少	5.3						√
	疾病导致的野生猎物种群减少	3.0						
政策和认知相关的威胁	缺乏适当政策	7.0					√	
	政策实施不力	7.7						
	缺乏跨境合作	0.7			√			
	保护部门力量不足	9.7		√				
	当地社区认知缺乏	7.0						
其他威胁	气候变化	7.3						
	人口增长和贫困	7.3					√	√
	流浪狗袭击雪豹及其猎物	8.3						
	虫草/草药采集造成的干扰	4.7						
	大规模发展项目	3.3			√			
	矿产与水电开发	6.3			√			

注：√表示行动与威胁相对应；彩色底色表示该地区已开展此类行动。

基于社区的保护行动								政策与公众推动				
社区/公民志愿者监测与反盗猎巡护	放牧管理	家畜疫病防治	拆围栏	流浪狗管理	虫草/草药采集管理	社区宣传教育	气候变化适应性生计	制定保护规划	生态补偿	管理开发/发展类项目	政策建议	公众宣传
√						√						
√						√						√
√												
√						√						
				√								
	√		√						√	√		
			√							√		
√						√						
	√								√			
		√										
								√			√	√
								√			√	
√												
√						√			√			
							√					
									√			
				√								
					√	√						
											√	
											√	

护的专项工作基本都没有"；其次是流浪狗袭击威胁，评分者们给出的描述是
"由于藏獒市场崩塌，流浪狗问题普遍存在，南部比北部更为严重"；排序第三
的是栖息地破碎化，评分者给出的描述是"大尺度上道路建设和人类聚居地将
核心栖息地分割开，局部还有草场围栏的影响""现有道路改建、升级以及新
建道路的影响"（图6-14，表6-3）。

保护空缺及不足

1. 保护部门力量不足

目前已有保护区能力建设和社区监测与反盗猎巡护应对此项不足，但相对
雪豹的栖息地面积来说依然太小。三江源保护区作为青海省覆盖面积最广的保
护区，每个幅员辽阔的保护分区的正式员工编制基本只有一个，因此只能靠合
同制人员和林业公安系统的配合来完成基本的防火、防盗猎巡护工作。仅每月
一到两次的基本巡护已经导致预算的紧张（主要是车损和油损），更不可能完
成基于大规模样线调查或相机布设的野生动物种群监测。在一些原来是国有林
场的保护分区，如东仲、白扎、江西林场，林场的员工较多。目前东仲林场在
山水自然保护中心的配合下、白扎林场在巧女公益基金会和猫盟CFCA的配
合下，已经在开展基于红外相机网格的野生动物监测。无处不在的牧民，可以
成为保护的最有效补充。社区监测与反盗猎巡护已经在一些地区率先尝试，如
山水自然保护中心与玉树州各县级政府合作的社区红外相机监测与反盗猎巡护
项目，索加乡的牧民监测员，原上草自然保护中心在阿尼玛卿神山周围的社区
监测项目（图6-15），均取得了很好的效果。三江源国家公园也采用了"一户
一岗"制度，雇用大量牧民作为生态管护员，但管护员的工作内容和绩效考评
制度仍有待制定，这些尝试都仍在起步阶段。

图 6-15 调查人员在阿尼玛卿神山地区进行调查

供图：原上草自然保护中心

2. 流浪狗袭击

应对该威胁的保护行动，目前有各地县级政府建立流浪狗收容所，山水自然保护中心在杂多县尝试绝育项目，雪境在囊谦县和果洛州开展当地兽医培训项目，都是一些小范围的尝试。这一威胁依然存在较大空缺。

3. 栖息地破碎化

应对该威胁的保护行动，目前已有管理开发／发展类项目和拆除草场围栏两项，尚未采取的行动是建立新保护地。环保督查非常有效，在青海省成功阻止了一大批进行中或计划中的开发项目，这部分的空缺不算大。草场围栏原本主要是由于政策不当导致，因此，此项保护行动要与政策建议相结合。例如，国家投资巨大的退牧还草工程，其中一大部分资金花在围栏建设上。三江源国家公园核心区内将逐步拆除围栏且不再新建围栏，这是一大政策上的进步。

4. 气候变化

气候变化在青海省西部高寒荒漠地带的威胁尤其显著，可可西里、曲麻莱等地已经出现气候变化导致的冻土、冰川融化等问题。这个威胁尚无任何保护行动应对，是一大空缺。在其他雪豹分布国开展的适应性生计项目可供借鉴。这类项目可给当地社区提供更多的生计选择，以增强其对气候变化的适应性，同时注意尽可能不要再恶化因气候变化所导致的栖息地退化问题。

◎ 四川省

雪豹潜在分布和调查进展

根据模型预测，四川省雪豹潜在栖息地面积为 160 336km^2。基本位于四川省西部青藏高原东南缘横断山区域内（图 6-16）。

四川的雪豹研究主要集中在甘孜地区和以卧龙国家级自然保护区为代表的邛崃山系。早期，Liao 和 Tan（1998）列举了 10 个报道过雪豹分布的县，包括雅安、宝兴、金川、小金、阿坝、甘孜、德格和巴塘。夏勒博士指出，雪豹已被确认分布于一些大熊猫保护区（如卧龙），稀疏地生活于林线之上（Schaller，1998）。

图例

◇◇ 自然保护区

雪豹潜在栖息地

未发表调查区域

已发表调查点

● 密度

● 分布

图 6-16　四川省雪豹潜在分布范围及调查进展

　　彭基泰（2009）采用路线调查、痕迹调查、访问调查、贸易统计、走访猎人等方法研究了甘孜州的雪豹。其研究称，甘孜州所辖石渠、德格、白玉、新龙、甘孜、理塘等 6 县的 9 个自然保护区有雪豹 51 ～ 78 只，全地区有雪豹 400 ～ 500 只。其研究认为，甘孜州共划定了 42 个自然保护区，面积达41 086 km²，占全州总面积的 26.48%，基本涵盖了雪豹栖息地；当地雪豹得到了较好的保护。

　　2016 年 9—10 月，猫盟 CFCA 在四川省甘孜州石渠县洛须镇、新龙县和白玉县察青松多保护区开展调查（图 6-17）。研究组在洛须镇约 100km² 的范

图 6-17 在甘孜州，红外相机拍摄到沿着山脊线巡游的雪豹

供图：猫盟 CFCA

围内按海拔梯度共安装 16 台红外相机；在新龙县约 3000km² 的范围内挑选 7 个区域进行调查，共安装红外相机 14 台；在白玉县察青松多保护区主要为走访问卷调查。调查表明，甘孜州的三个调查区域均存在豹与雪豹同域分布的情况，新龙还发现了 7 种猫科动物（豹、雪豹、猞猁、金猫、荒漠猫、豹猫、兔狲）同域分布。

在邛崃山系，2009 年，卧龙国家级自然保护区管理局和北京大学以及山水自然保护中心合作，首次运用红外相机证实了雪豹在卧龙自然保护区的存在

（Li et al.，2010）。2013 年 11 月至 2016 年 3 月间，唐卓等（2017）、乔麦菊等（2017）在银厂沟热水、梯子沟木香坡和魏家沟毛狗洞布设红外相机 27 个位点，对雪豹及同域野生动物进行研究。相机工作日 7056 个，拍摄记录约 12 万条。10 个相机位点成功拍摄到雪豹影像，有效探测 43 次，相对多度指数为 6.09（唐卓 等，2017）。相机工作的 28 个月中持续记录到成年雪豹及幼雪豹，说明卧龙国家级自然保护区内雪豹的生存状况较好。

　　2016 年起，北京大学作为技术牵头与技术支撑方，联合绵阳师范学院等单位与区内各自然保护区协调合作（图 6-18，图 6-19）。结合环境保护部（现为生态环境部）生物多样性观测网络建设，各机构开始在邛崃山中部保护区群内系统建立区域性的红外相机监测网络。2016—2017 年，卧龙保护区开展区

图 6-18　科研单位与各自然保护协调合作，开展调查。为了完成野外调查，调查人员需要克服各种地形困难

摄影：杨创明；供图：贡嘎山国家级自然保护区

图 6-19　调查人员在邛崃山开展野外调查

摄影：施小刚；供图：卧龙国家级自然保护区、北京大学野生动物生态与保护研究组

内首次雪豹系统调查，并延续至今。2017 年，成都市辖域内的鞍子河、黑水河保护区联合开展成都市雪豹专项调查。

　　根据北京大学李晟提供的信息，截至 2018 年 6 月，邛崃山中部的红外相机监测网络包含监测位点约 550 个，使用 1km×1km 的网格为基本取样单元。在每个自然保护区内，按照海拔与植被类型的梯度，抽选 3 ~ 5 片监测样区，每个样区包含 20 ~ 40 个网格单元，每个单元内设置 1 个红外相机监测位点。2016—2017 年，卧龙保护区通过红外相机影像共识别出至少 26 只雪豹个体。2017 年成都市雪豹专项调查结果显示，在黑水河与鞍子河保护区内至少存在 5 只雪豹个体。基于红外相机数据，深入的种群密度和种群数量评估目前仍在进行当中。研究区域内雪豹的潜在猎物种类丰富，数量充足，可以支撑当地雪豹种群的长期生存。但是，大量散放家畜的存在，增加了人与雪豹冲突的风险（李晟访谈信息）。

2016—2017 年间，贡嘎山国家级自然保护区的杨创明在贡嘎山保护区按 5km×5km 网格布放相机，总调查面积 750km²，共放置 200 台相机。目前已获得雪豹有效照片 110 张，初步鉴定 5 只以上雪豹个体。其他数据分析正在进行中。

调查空缺：四川的雪豹调查占栖息地的 2.85%。目前，四川省在邛崃山已有大范围调查计划。岷山、大雪山和沙鲁里山的雪豹调查工作还需继续推进。

威胁及排序

四川省威胁评级最高的为保护部门力量不足，以及人口增长和贫困。评分者对保护部门力量不足给出的描述是"主要是人员不够导致"；对贫困给出的描述是"人口增长和贫困直接影响高山草甸放牧的强度"。排序第二的是缺乏跨境合作，评分者的描述是"邛崃山区域尤其明显，雪豹栖息地跨行政边界、跨保护区，相互之间缺乏沟通和联动"。排序第三的是家畜竞争导致的猎物种群减少，评分者给出的描述是"高山草甸放牧情况普遍且严重，在邛崃山等地近年来还有加剧趋势"（图 6-20，表 6-4）。

保护空缺及不足

1. 保护部门力量不足

该空缺主要表现在以下几个方面：第一，四川省雪豹栖息地主要分布在川西甘孜、阿坝等地，目前该区域已建设有多个国家级、省级和州级保护区，野生动植物保护及管理工作努力开展；但由于很多保护区没有专门管理机构和人员编制，基层保护力量、能力及保护力度等问题值得重视。第二，四川省的保护区资金较为充足，一些针对熊猫保护建立的国家级保护区的人员的能力走在

表 6-4 四川省保护行动与威胁排序对应关系

| 威胁分类 | 威胁 | 评级 | 保护地建设 | | | 人兽冲突补偿/保险 | 扶贫/生计改善 |
			保护区监测与反盗猎巡护	保护区能力建设	建立新保护地		
对雪豹的直接猎杀或抓捕	报复性猎杀	6.5	√			√	√
	盗猎及非法贸易	3.5	√				
	动物园和博物馆的活体收集	0.0	√				
	针对其他物种下毒、下套等导致的误杀	5.0	√			√	√
	雪豹疾病	3.0					
栖息地与猎物相关威胁	栖息地退化	7.0			√		√
	栖息地破碎化	8.5			√		
	盗猎和误杀导致的野生猎物种群减少	8.0	√				
	家畜竞争导致的野生猎物种群减少	10.0					√
	疾病导致的野生猎物种群减少	3.0					
政策和认知相关的威胁	缺乏适当政策	7.0				√	
	政策实施不力	9.0					
	缺乏跨境合作	11.0			√		
	保护部门力量不足	13.5		√			
	当地社区认知缺乏	7.5					
其他威胁	气候变化	6.0					
	人口增长和贫困	13.5				√	√
	流浪狗袭击雪豹及其猎物	5.0					
	虫草/草药采集造成的干扰	7.0					
	大规模发展项目	6.0			√		
	矿产与水电开发	4.5			√		

注：√表示行动与威胁相对应；彩色底色表示该地区已开展此类行动。

基于社区的保护行动						政策与公众推动			
社区/公民志愿者监测与反盗猎巡护	放牧管理	流浪狗管理	虫草/草药采集管理	社区宣传教育	气候变化适应性生计	制定保护规划	管理开发/发展类项目	政策建议	公众宣传
√				√					
√				√					√
√									
√				√					
		√							
	√						√		
							√		
√				√					
	√								
						√		√	√
						√		√	
√									
√				√					
					√				
		√							
			√	√					
							√		
							√		

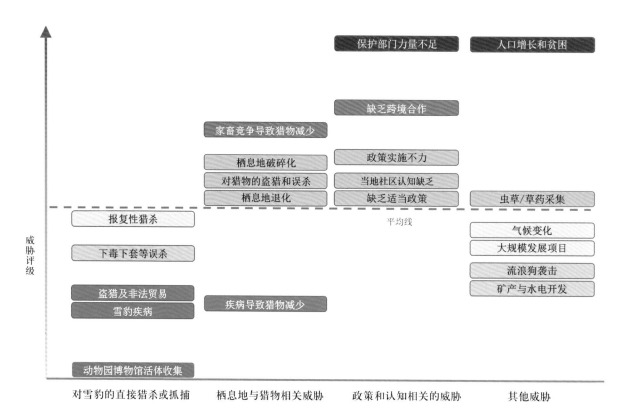

图 6-20　四川省雪豹所受威胁排序

全国前列，部分保护区管理部门、猫盟 CFCA 等社会力量开展了一些雪豹监测工作，但覆盖面积依然很小。第三，临时聘用护林员等工作积极开展，社区参与保护能力较好，但如何根据各保护区自身情况，合理配置资源、科学、有效地处理好雪豹保护、社区参与及社区发展等保护规划，依旧值得与他们探讨。基层保护管理人员专业能力发展不均。具体表现在：① 国家不能发放野外作业人员补助后，保护区 95% 以上的主要野外作业人员对保护工作处于消极对待状况，造成野外作业力量大量减少；② 很多一线工作人员文化知识水平较低，对专业上的知识了解非常少；③ 保护区在保护人员新老更替上跟不上，新鲜血液补充不足；④ 保护区技术力量外出参加技能培训的机会太少，接触外界监测技术的培训少。

2. 人口增长与贫困

该空缺主要表现在两个方面：第一，川西高原很多地区草地退化，牧业是当地主要的经济来源，贫困问题直接影响高山草甸放牧的强度，牧场周围的铁丝围栏使得雪豹及其猎物生境隔离，生存空间受到挤压。此外，报复性猎杀等问题依然存在。近年来开展的精准扶贫项目覆盖度高，对这一威胁的缓解应该有很大帮助。第二，受政府保护宣传工作、佛教保护意识等影响，很多雪豹分布地的社区保护意识相对较好，但仍不免存在盗猎野生动物问题，特别是盗猎岩羊等雪豹猎物资源将直接影响其生存条件；部分地区人口密度较大，社区居民保护意识相对较差，盗猎相对比外出打工容易，盗猎现象较难根治。

3. 缺乏跨境合作

雪豹栖息地跨行政边界、跨保护区。因资金限制和行政区划等因素，目前四川的保护区尚未形成联动机制，相互之间缺乏沟通和联动。各保护区之间、各行政区域之间、各山系之间合作相对较少，统筹跨境合作工作开展较难，为更好地保护雪豹及其生态系统，全面协调各区域雪豹监测、保护工作依旧值得探讨。

4. 家畜竞争导致的猎物种群减少

高山草甸放牧情况普遍且严重，在邛崃山等地近年来还有加剧的趋势。对猎物种群的影响尚无研究，是一大空缺。

5. 雪豹疾病

对雪豹疾病的信息采集和监测非常困难，是一大空缺。

6. 气候变化

尚无应对行动，可参考其他雪豹保护国的适应性生计项目。

7. 虫草采集造成的干扰

尚无应对行动。可参考当地政府支持下进行的虫草采集管理行动，建立规则，下放监督权给当地社区。

◎ 甘肃省

雪豹潜在分布和调查进展

根据模型预测，甘肃省雪豹潜在栖息地面积为 105 815km²。主要分布于祁连山脉，此外在西南部与四川省相邻的区域也可能存在适合雪豹的生境（图6-21）。

甘肃省的雪豹调查研究相对较少。夏勒博士在他的报告中指出，雪豹仅在甘肃省边缘地区的祁连山脉和叠山有分布，数量很少（Schaller et al., 1988b）。盐池湾自然保护区（约 5000km²）也有一个雪豹种群。雪豹沿甘肃—内蒙古边界外围和马鬃山地区曾有分布，而现在已经消失（Wang et al., 1996）。

近年来，甘肃的雪豹调查主要集中在祁连山脉。祁连山脉栖息着多种大型食肉动物。雪豹保护，很可能惠及同域分布的赤狐、狼、欧亚猞猁与豺（Alexander et al., 2016d）。2013 年，Alexander 等人在祁连山国家级自然保护

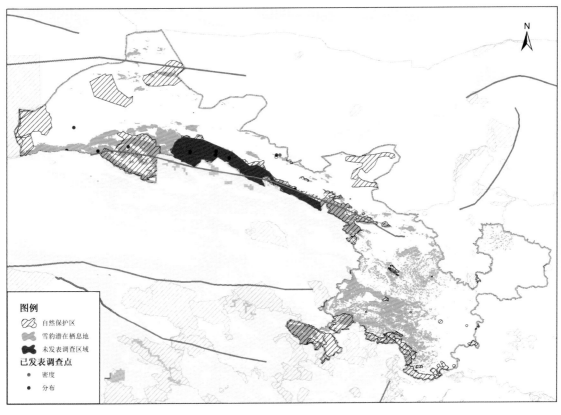

图 6-21　甘肃省雪豹潜在分布范围及调查进展（由于数据缺乏，祁连山国家公园内的调查范围仅为示意图）

区开展大面积调查研究，利用占域模型对雪豹的栖息地利用进行了分析，认为其分布主要与海拔和猎物相关（Alexander et al., 2016a, 2016b）。同年1—3月间，其团队利用红外相机开展了雪豹种群数量调查（Alexander et al., 2016c），估计该地的雪豹密度为 3.31 只 /100km^2。影响密度的因素为猎物与放牧活动。该地种群密度可能随着季节波动变化，范围在 1.46 ~ 3.29 只 /100km^2（Alexander et al., 2016c）。雪豹种群主要集中在保护区西南角，是远离人类聚居地的保护区边缘（Alexander et al., 2016c）。

2013 年，北京林业大学团队承担的国家自然科学基金"雪豹生境选择及动态"项目在祁连山开展。世界自然基金会于 2016 年对北京林业大学开展的部分雪豹调查监测和保护工作给予了经费支持。北京林业大学团队从 2013 年开始与盐池湾自然保护区合作开展雪豹监测，延续至今。这个项目自始至终都得到了国家林业局（现为国家林业和草原局）的政策和经费支持，并与牛津大学进行合作。

2017 年，大范围雪豹监测在祁连山自然保护区和盐池湾自然保护区展开。该工作由北京林业大学和保护区人员合作进行。祁连山雪豹监测由两片 1000km² 的片区构成，总面积达 2000km²，共安装红外相机 170 台。盐池湾的雪豹监测，以 5km×5km 划分网格，由三个 750km² 的片区构成，总面积达 2250km²；盐池湾共安装红外相机 174 台（图 6-22）。后续的数据分析还在进行中。

自 2011 年开始，中国林业科学研究院李迪强研究组在党河南山地区进行红外相机监测，共在两条沟谷选择了 6 个位点布设红外相机。2011—2013 年

图 6-22 甘肃盐池湾自然保护区，这只雪豹好奇地凑上前观察红外相机

供图：甘肃盐池湾国家级自然保护区

记录到雪豹、棕熊、狼、赤狐、兔狲、野牦牛、岩羊、旱獭、石鸡等动物。视频数据显示，该地区有丰富的岩羊种群，表明该地区的雪豹拥有充足的食物来源，雪豹种群情况良好。

遗传学方法也增进了对甘肃省雪豹种群的了解。在 2014 年发表的文献中，在甘肃党河南山地区阿克塞县收集到的动物粪便样品中检测出了雪豹样品，且结果表明该地雪豹种群与三江源地区雪豹有基因交流（周芸芸 等，2014）。2015 年发表的工作报告认为，青海三江源国家级自然保护区的囊谦县、治多县和甘肃省阿克塞县的三个雪豹居群来自同一个雪豹种群，居群间遗传距离与地理位置相关（周芸芸 等，2015）。

调查空缺：甘肃省的雪豹调查集中在祁连山保护区和盐池湾保护区内。因为数据缺乏，目前在甘肃省的调查地图中，祁连山国家公园的调查仅为示意图，但根据调查面积估算，大概占甘肃省雪豹栖息地的 4.06%。甘肃省东南角的雪豹栖息地缺乏密度调查。

威胁及排序

甘肃省威胁评级最高的为保护部门力量不足，评分者给出的描述是"甘肃的两个国家级自然保护区在雪豹野外监测能力方面已有相当水平，但整体而言，甘肃的雪豹保护管理能力仍属欠缺，具备专业知识的工作人员不足，巡护体系不健全，缺乏针对雪豹及栖息地的保护管理规划等"。排序第二的是盗猎、误杀等导致的猎物种群不足，评分者给出的描述是"尽管不直接针对雪豹猎物，但盗猎活动依然在访谈中有报道，也有猎套被研究人员的红外相机捕捉到，可能对雪豹造成间接影响"。排序第三的是针对其他物种下毒、下套等导致的误杀，评分者给出的描述是"甘肃省的临夏长久以来作为动物皮毛的交易中心，这使得甘肃省的野生动物盗猎案件高于其他省"（图 6-23，表 6-5）。

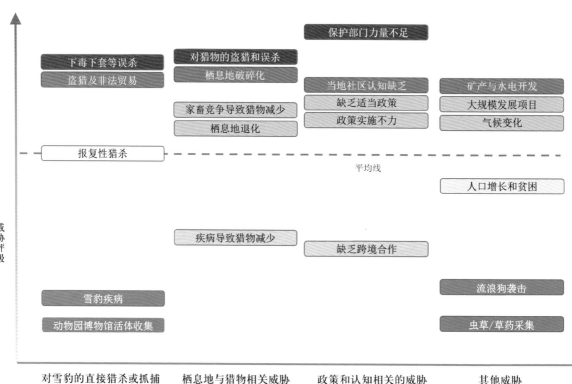

图6-23 甘肃省雪豹所受威胁排序

保护空缺及不足

1. 保护部门力量不足

　　甘肃的两个国家级自然保护区在雪豹野外监测能力方面已有相当水平，但整体而言，甘肃的雪豹保护管理能力仍属欠缺，存在具备专业知识的工作人员不足，巡护体系不健全，缺乏针对雪豹及栖息地的保护管理规划等。国家公园的建立是个新的契机，有望借此引入新机制，引进新人才，开展培训。当地社区大多已经搬离保护区，但仍有一些牧民留在雪豹栖息地内，可以通过培训授权等方式，将其培养成管护员，形成保护助力。

2. 盗猎误杀导致的猎物种群减少和针对其他物种下毒、下套等导致的误杀

评估盗猎的严重程度非常困难。有关狩猎活动的报告可通过与关键线人的非正式讨论获得。在雪豹栖息地的红外相机监测中，关于陷阱捕猎的情况，尽管强度较低，但仍有发现。雪豹虽不太可能是猎人的直接目标，但它们可能掉入陷阱。2014 年在祁连山进行的社区调查显示，社会居民对雪豹的态度比对其他食肉动物的态度更为宽容。因此，没有明确的证据表明报复杀害或狩猎雪豹是主要问题。然而狩猎其他物种如岩羊可能是问题。红外相机也曾捕捉到持枪人士，在野外也发现可能是针对岩羊的一些脚套。因此需要加强巡护强度，特别是社区已经从许多高山地区搬离，在无法与当地的社区保护相关联的地方，国家公园管理部门的作用变得更加重要。另外，长久以来，甘肃临夏作为动物皮毛的交易中心，这使得甘肃省的野生动物盗猎案件高于其他省。加强执法是解决此问题的一大关键，也是一大空缺。

3. 雪豹疾病

对雪豹疾病的信息采集和监测非常困难，是一大空缺。

4. 气候变化

尚无应对行动，可参考其他雪豹保护国的适应性生计项目。

5. 流浪狗的威胁

尚无应对行动，可参考雪境在青海省囊谦县开展的流浪狗管理项目。

表 6-5　甘肃省保护行动与威胁排序对应关系

| 威胁分类 | 威胁 | 评级 | 保护地建设 | | | 人兽冲突补偿/保险 | 扶贫/生计改善 |
			保护区监测与反盗猎巡护	保护区能力建设	建立新保护地		
对雪豹的直接猎杀或抓捕	报复性猎杀	6.4	√			√	√
	盗猎及非法贸易	8.7	√				
	动物园和博物馆的活体收集	1.3	√				
	针对其他物种下毒、下套等导致的误杀	9.1	√			√	√
	雪豹疾病	2.0					
栖息地与猎物相关威胁	栖息地退化	7.3			√		√
	栖息地破碎化	8.9			√		
	盗猎和误杀导致的野生猎物种群减少	9.2	√				
	家畜竞争导致的野生猎物种群减少	7.8					√
	疾病导致的野生猎物种群减少	3.8					
政策和认知相关的威胁	缺乏适当政策	8.1				√	
	政策实施不力	7.7					
	缺乏跨境合作	3.6			√		
	保护部门力量不足	10.2		√			
	当地社区认知缺乏	8.3					
其他威胁	气候变化	7.5					
	人口增长和贫困	5.5				√	√
	流浪狗袭击雪豹及其猎物	2.4					
	虫草/草药采集造成的干扰	1.3					
	大规模发展项目	8.0			√		
	矿产与水电开发	8.3			√		

注：√表示行动与威胁相对应；彩色底色表示该地区已开展此类行动。

基于社区的保护行动						政策与公众推动			
社区/公民志愿者监测与反盗猎巡护	放牧管理	流浪狗管理	虫草/草药采集管理	社区宣传教育	气候变化适应性生计	制定保护规划	管理开发/发展类项目	政策建议	公众宣传
√				√					
√				√					√
√									
√				√					
		√							
	√						√		
							√		
√				√					
	√								
						√		√	√
						√		√	
√									
√				√					
					√				
		√							
			√	√					
							√		
							√		

◎ 内蒙古自治区

模型预测内蒙古自治区的雪豹潜在栖息地为 21 762km²。内蒙古的雪豹种群缺乏研究，也没有机构正在开展工作。夏勒博士（1998）的调查显示，雪豹曾经分布在内蒙古—宁夏边界沙漠的大部分区域，包括东达山、雅布赖山、乌兰山、大庆山、贺兰山和龙首山。20 世纪 90 年代末，除少数个体可能残存在狼山一些荒漠地区外，该物种在内蒙古已处于灭绝的边缘（Wang et al.，1996）。沿着蒙古国边界短暂逗留的个体有时候会被猎杀。2013 年 1 月，有人在该区域拍到了一张雪豹的照片。这些山地区域很可能是连接雪豹南部和北部（蒙古国—俄罗斯）种群的重要通道之一。

◎ 云南省

模型预测云南省的栖息地为 15 756km²，但云南省的雪豹研究较少，目前也没有机构在这里开展雪豹调查工作。云南省雪豹的潜在栖息地仅限于西北部靠近我国西藏自治区、四川省和缅甸的横断山脉中，这里曾有雪豹的报道（Ji，1999）。1950—1999 年，在云南西北部的三个地点曾发现过雪豹的存在（Alexander et al.，2016e）。但之后，尽管 Smith 等（2010）注意到雪豹仍然存在，IUCN 的红色名录判定雪豹在云南灭绝（Jackson et al.，2008）。Buzzard 等（2017b）于 2012 —2014 年在云南进行调查，希望评估雪豹在云南的情况。他们选定了 4 个雪豹可能存在的地区开展工作。尽管 38 名牧民称有雪豹出现，且捕获的照片中有如岩羊等许多潜在的猎物，但在总共 6300 个相机日里没有获得雪豹的任何照片，只在海拔 3000 ~ 4500m 处拍到了金钱豹。因此，雪豹在云南即使存在，也会比较稀少，仍需后续调研。

◎ 参考文献

ALEXANDER J S, SHI K, TALLENTS L A, et al, 2016a. On the high trail: examining determinants of site use by the endangered snow leopard *Panthera uncia* in Qilianshan, China[J]. Oryx, 50(2): 231-238.

ALEXANDER J S, GOPALASWAMY A M, SHI K, et al, 2016b. Patterns of snow leopard site use in an increasingly human-dominated landscape[J]. PLoS ONE, 11(5): e0155309.

ALEXANDER J S, ZHANG C, SHI K, et al, 2016c. A granular view of a snow leopard population using camera traps in central China[J]. Biological conservation, 197: 27-31.

ALEXANDER J S, CUSACK J J, PENGJU C, et al, 2016d. Conservation of snow leopards: spill-over benefits for other carnivores? [J] Oryx, 50(2): 239-243.

ALEXANDER J S, ZHANG C, SHI K, et al, 2016e. A spotlight on snow leopard conservation in China[J]. Integrative zoology, 11(4): 308-321.

BAI D F, CHEN P J, ATZENI L, et al, 2018. Assessment of habitat suitability of the snow leopard (*Panthera uncia*) in Qomolangma national nature reserve based on MaxEnt modeling[J]. Zoological research, 39(6): 373-386.

BUZZARD P J, MAMING R, TURGHAN M, et al, 2017a. Presence of the snow leopard *Panthera uncia* confirmed at four sites in the Chinese Tianshan Mountains[J]. Oryx, 51(4): 594-596.

BUZZARD P J, LI X, BLEISCH W V, 2017b. The status of snow leopards *Panthera uncia*, and high altitude use by common leopards *P. pardus*, in north-west Yunnan, China[J]. Oryx, 51(4): 587-589.

CHEN P, GAO Y, LEE A T L, et al, 2016. Human-carnivore coexistence in

Qomolangma (Mt. Everest) nature reserve, China: patterns and compensation[J]. Biological conservation, 197: 18-26.

JACKSON R, WANG Z, LU X D, et al, 1994. Snow leopards in the Qomolangma nature reserve of the Tibet autonomous region[C].// International Snow Leopard Trust.Proceedings of the Seventh International Snow Leopard Symposium, Xinning, July 25-30,1992. Seattle: International Snow Leopard Trust in cooperation with the Chicago Zoological Society, 85-95.

JACKSON R, MALLON D, MCCARTHY T, et al, 2008. *Panthera uncia*[J]. The IUCN red list of threatened species[EB/OL]. [2019-01-31]. https://www. iucnredlist.org/species/22732/50664030.

JANEČKA J E, JACKSON R, YUQUANG Z, et al, 2008. Population monitoring of snow leopards using noninvasive collection of scat samples: a pilot study[J]. Animal conservation, 11(5): 401-411.

JI W, 1999. Wildlife in Yunnan[M]. Beijing:China Forestry Publishing House.

LAGUARDIA A, JUN W, FANG-LEI S H I, et al, 2015. Species identification refined by molecular scatology in a community of sympatric carnivores in Xinjiang, China[J]. Zoological research, 36(2): 72.

LI J, WANG D, YIN H, et al, 2014. Role of Tibetan Buddhist monasteries in snow leopard conservation[J]. Conservation biology, 28(1): 87-94.

LI S, WANG D, LU Z, et al, 2010. Cats living with pandas: the status of wild felids within giant panda range, China[J]. IUCN cat news,52:20-23.

LIAO Y, TAN B, 1988. A preliminary study of the geographic distribution of snow leopards in China[C].//FREEMAN H.Proceedings of the Fifth International Snow Leopard Symposium, Srinagar,October 13-15,1986. Seattle: International Snow Leopard Trust, 51-63.

MCCARTHY K P, FULLER T K, MING M, et al, 2008. Assessing estimators of snow leopard abundance[J]. The Journal of wildlife management, 72(8): 1826-1833.

PAN G L, ALEXANDER J S, RIORDAN P, et al, 2016. Detection of a snow leopard population in northern Bortala, Xinjiang, China[J]. Cat news, 63: 29-30.

SCHALLER G B, HONG L, JUNRANG R, et al, 1988a. The snow leopard in Xinjiang, China[J]. Oryx, 22(4): 197-204.

SCHALLER G B, JUNRANG R, MINGJIANg Q, 1988b. Status of the snow leopard *Panthera uncia* in Qinghai and Gansu Provinces, China[J]. Biological Conservation, 45(3): 179-194.

SCHALLER G B, 1998. Wildlife of the Tibetan steppe[M]. Chicago: University of Chicago Press.

SMITH A T, XIE Y, HOFFMANN R S, et al, 2010. A guide to the mammals of China[M].Princeton: Princeton University Press.

TURGHAN M, MA M, XU F, et al, 2011. Status of snow leopard *Uncia uncia* and its conservation in the tumor peak natural reserve in Xinjiang, China[J]. International Journal of Biodiversity and Conservation, 3(10): 497-500.

WANG J, LAGUARDIA A, DAMERELL P J, et al, 2014. Dietary overlap of snow leopard and other carnivores in the Pamirs of northwestern China[J]. Chinese Science Bulletin, 59(25): 3162-3168.

WANG X, SCHALLER G B, 1996. Status of large mammals in western Inner Mongolia. Journal of East China Normal University(Natural Science, Special Issue of Zoology), 93-104.

WU D, MA M, XU G, et al, 2015. Relationship between ibex and snow leopard about food chain and population density in Tian Shan. Selevinia. [2019-08-30].

http://snowleopardnetwork.org/bibliography/Wu_et_al_2015.pdf.

Xu A, Jiang Z, Li C, et al, 2008. Status and conservation of the snow leopard *Panthera uncia* in the Gouli Region, Kunlun Mountains, China[J]. Oryx, 42(3): 460-463.

XU F, MA M, WU Y, 2010. Recovery of snow leopard (*Unica unica*) in Tomur National Nature Reserve of Xinjiang, northwestern China. Pakistan journal of zoology, 42(6): 825-827.

XU G, MAMING R, BUZZARD P J, et al, 2014. Nature reserves in Xinjiang: a snow leopard paradise or refuge for how long[J]. Selevinia, 22: 144-149.

李娟，2012，青藏高原三江源地区雪豹（*Panthera uncia*）的生态学研究及保护 [D]. 北京：北京大学，2012.

廖炎发，1985. 青海雪豹地理分布的初步调查 [J]. 兽类学报，5（3）：183-188.

马鸣，MUNKHTSOG B，徐峰，等，2005. 新疆雪豹调查中的痕迹分析 [J]. 动物学杂志，40（4）：34-39.

马鸣，徐峰，吴逸群，等，2006. 利用自动照相术获得天山雪豹拍摄率与个体数量 [J]. 动物学报，54（4）：788-793.

马鸣，徐峰，2006. 利用红外自动照相技术首次拍摄到清晰雪豹照片——新疆木扎特谷雪豹冬季考察简报 [J]. 干旱区地理，29:307-308.

马鸣，徐峰，2011. 新疆雪豹种群密度监测方法探讨 [J]. 生态与农村环境学报，27（1）：79-83.

马鸣，徐峰，程芸，2013. 新疆雪豹. 北京：科学出版社.

彭基泰，2009. 青藏高原东南横断山脉甘孜地区雪豹资源调查研究 [J]. 四川林业科技，30（1）：57-58.

乔麦菊，唐卓，施小刚，等，2017. 基于 MaxEnt 模型的卧龙国家级自然保护区雪豹（*Panthera uncia*）适宜栖息地预测 [J]. 四川林业科技，38（6）：1-4.

唐卓，杨建，刘雪华，等，2017. 基于红外相机技术对四川卧龙国家级自然保护区雪豹（*Panthera uncia*）的研究 [J]. 生物多样性，25（1）：62-70.

吴国生，2009. 青海省都兰县沟里乡智玉村野生雪豹调查 [J]. 畜牧兽医杂志，28（6）：33-34.

徐峰，马鸣，殷守敬，等，2005. 新疆托木尔峰自然保护区雪豹调查初报 [J]. 四川动物，24（4）：608-610.

徐峰，马鸣，殷守敬，2006. 新疆北塔山雪豹对秋季栖息地的选择 [J]. 动物学研究，27(2): 221-224.

徐峰，马鸣，殷守敬，2007. 新疆北塔山地区雪豹及其食物资源调查初报 [J]. 干旱区资源与环境，21（3）：63-66.

张于光，何丽，朵海瑞，等，2009. 基于粪便 DNA 的青海雪豹种群遗传结构初步研究 [J]. 兽类学报，29（3）：310-315.

周芸芸，冯金朝，朵海瑞，等，2014. 基于粪便 DNA 的青藏高原雪豹种群调查和遗传多样性分析 [J]. 兽类学报，34（2）：138-148.

周芸芸，朵海瑞，薛亚东，等，2015. 雪豹的微卫星 DNA 遗传多样性 [J]. 动物学杂志，50（2）：161-168.

第七章

通往雪豹大国之路

在本章中，我们将基于前几章的内容，对现阶段中国雪豹调查与保护工作进行简单的总结；并以此为基础，为下一步的工作提出建议。

◎ 中国雪豹调查和保护现状

中国雪豹分布广泛，各省（区）所面临的保护威胁各有侧重。虽然仍存在大量信息和保护空缺，但相较于其他雪豹分布国，中国雪豹的生存状况总体上处于较好水平（图7-1）。

近年来，中国逐步加大雪豹保护投入，雪豹保护工作取得长足进步。雪豹调查监测工作发展较快，建立了以国家公园和自然保护区等保护地为主体的保护管理体系（图7-2），野生动物损害补偿体系也不断完善，国际合作交流显著提升。目前试点建设中的三江源国家公园、祁连山国家公园，正在探索区域性的整体保护措施。民间力量和公众保护意识也快速增长。2013年，我国制定了《中国雪豹保护行动计划（内部审议稿）》。2018年，国家林业和草原局在深圳雪豹保护大会上提出：未来中国将进一步在补偿、执法、调查监测、国

图7-1 相较于其他雪豹分布国，中国雪豹的生存状况总体上处于较好水平。红外相机捕捉到雪豹在山脊线上巡游

供图：原上草自然保护中心

际合作以及社区保护等方面加强雪豹保护。

　　在本书中，我们整理总结了中国雪豹的调查和研究情况。整体而言，我国的雪豹调查还处于起步阶段，虽然对雪豹的分布情况有了初步了解，但距离准确掌握雪豹的分布情况还有较大距离。全国的数量调查覆盖面积占雪豹栖息地的 1.7%，我们对中国雪豹的了解还存在大量空白。与此同时，各机构也在迅

速推进调查工作，增进我们对于中国雪豹生存状况的认知。

我们参考国际学术及保护界公认的雪豹威胁因素列表，在近年积累的研究和保护基础上，识别了全国各省（区）雪豹面临的威胁因素，并根据一线工作者和专家意见进行了排序。排名靠前的 14 项威胁因素依次是："保护部门力量不足""气候变化""当地社区认知缺乏""人口增长和贫困""家畜竞争导致的野生猎物种群减少""栖息地退化""栖息地破碎化""政策实施不力""缺乏跨境合作""缺乏适当政策""大规模发展项目""报复性猎杀""疾病导致的野生猎物种群减少""盗猎和误杀导致的野生猎物种群减少"。

图 7-2　建立以国家公园和自然保护区为主体的保护管理体系，雪豹的调查监测工作得到较快发展。红外相机调查等方法有助于人们更好地了解雪豹的生存现状

供图：贡嘎山国家级自然保护区

总体而言，"政策和认知相关的威胁"及"栖息地与猎物相关威胁"的评级较高，"对雪豹的直接猎杀或抓捕"的评级较低。专家对"气候变化""人口增长和贫困"和"大规模发展项目"所造成的潜在影响表示担忧。另外，"政策和认知相关的威胁"成为中国雪豹保护的全局性短板。

第一大类威胁，即"对雪豹的直播猎杀或抓捕"得分较低。这反映了近年来中国在雪豹栖息地巡护、执法、普法等方面取得的长足进展，有效控制了该项直接威胁。第四大类威胁中，专家普遍认为"矿产与水电开发"威胁程度较低。在某种程度上，此结果反映了党的十八大以来，国家对生态红线管理、生态文明建设高度重视和巨大投入所带来的积极成效。

对比 2013 年《中国雪豹保护行动计划（内部审议稿）》对雪豹所受威胁的评估，我们发现"栖息地退化""气候变化""保护部门力量不足""调查研究不足""社区保护动力和能力不足"均被认为是主要的威胁因素或重要问题。这表明，过去五年来这些领域的工作可能还未取得显著成效。因此，未来保护资源配置应优先考虑这些重要且紧急的领域，资源投入方式应做出适当调整。比如，专家普遍认为，基层保护能力建设应从以硬件建设为主，尽快转移到"软硬兼顾，强化软性能力"。同时，资源投入应重点面向最能带来改变的主体人群。比如"当地社区"是本次评估的关键词之一，至少直接对应八项保护威胁或问题。

本次评估发现，我国雪豹保护工作已度过情况摸查、反盗猎、反大规模栖息地破坏的初期阶段，新时期的保护需要解决综合保护与民生问题（图 7-3）。这对保护干预行动的成效机制、实施方式以及评估办法提出了更高的要求。比如，我国雪豹分布区内广泛实施生态补偿和野生动物肇事补偿政策，但保护成效尚未得到严谨评估。我们有必要构建综合保护干预体系和资源调度体系，以优化保护投入，最大化保护成效。

图 7-3　正在吃牦牛的雪豹。缓解人兽冲突，引导当地社区支持保护是雪豹保护的主要工作之一

供图：原上草自然保护中心

◎ 工作建议（2019—2023）

在《中国雪豹保护行动计划（内部审议稿）》的基础上，遵循 2018 年《国际雪豹保护深圳共识》，基于威胁和保护空缺分析，我们建议在 2019—2023 年着重开展 5 个方面的工作，并在 2023 年完成相应目标：① 开展全国雪豹种群调查，完成全国 20% 雪豹适宜栖息地调查；② 提高保护地巡护监测管理能力，建立 7 个重点保护地的巡护监测管理系统；③ 建设社区综合保护示范地，完成 5 个社区综合保护示范地建设；④ 制定重点雪豹景观综合保护规划，完成 5 个重点省（区）的雪豹景观保护规划；⑤ 建设"雪豹中国网络"，助力中国高寒山地生态系统人与自然的和谐发展。

调查全国 20% 雪豹适宜栖息地

1. 背景

近年来，中国的雪豹调查工作进展较快，但调查面积仍非常有限，仅占全国雪豹潜在栖息地的 1.69%（新疆 0.49%，甘肃 4.06%，青海 4.44%，西藏 0.68%，四川 2.85%）。我们对中国雪豹的了解还存在大量空白，无法精确评估各分布区的保护威胁，不利于制定针对性保护策略。雪豹种群调查和监测的需求重要且紧急，需优先投入资源。

2. 目标

依据当前国际先进的调查标准和科学方法，抽样调查中国 20% 雪豹栖息地（约 340 000km^2），准确估算中国雪豹种群数量。

3. 行动

第一，开展大范围雪豹种群调查。依据雪豹分布模型预测结果，结合各省（区）具体情况，选择 20% 的雪豹栖息地，综合采用访谈、痕迹调查、红外相机调查和粪便 DNA 检测等方法开展调查。应用占域模型和空间标记重捕模型统一分析调查数据。根据调查空缺分析，建议重点关注新疆天山西部区域，以及西藏冈底斯—念青唐古拉山脉和喜马拉雅山脉。

第二，监测局部区域的雪豹种群动态。在西藏、新疆、青海、甘肃和四川等雪豹主要分布省（区），依托在地研究及保护团队，分别建设完成至少 1 个长期监测网络。每个省（区）至少覆盖 10 000km^2 的雪豹适宜栖息地。

第三，开展威胁评估和研究。鼓励开展针对报复性猎杀、人兽冲突、栖息地退化和破碎化、气候变化、雪豹及自然猎物疾病等威胁因素的量化评估，并研究威胁发展机理。

上述调查和监测应达到国际先进水平，并能横向比较，逐步建立中国雪豹本底数据库。祁连山国家公园目前开展的山系尺度的雪豹调查和监测工作，可为其他保护地提供良好借鉴。

建立 7 个重点保护地的巡护监测管理系统

1. 背景

中国野生动物普法宣传深入人心，保护地管理不断优化，执法力度普遍加强。根据各分布省（区）评估，商业盗猎目前不是中国雪豹的全局性威胁。然而中国雪豹分布区地形复杂，地处偏远，难以实施有效管理的全面覆盖，难免受到非法贸易的持续窥觑。因此，进一步加强保护地的管理能力、建设高水平管护执法队伍，是稳定既有保护成果的首要措施，也是开展综合保护工作的先决条件。

在中国的雪豹分布区内，部分保护地拥有健康的雪豹种群。这些重点保护地包括祁连山国家公园、三江源国家公园、羌塘国家级自然保护区、西藏色林错国家级自然保护区、珠穆朗玛峰国家级自然保护区、新疆托木尔峰国家级自然保护区、四川卧龙国家级自然保护区（图 7-4）。以建设巡护监测管理体系为抓手，加大保护地的管护力度，优化管理模式，对中国雪豹保护具有压舱石效应。

2. 目标

在 7 个重要保护地建立监测巡护管理系统。

3. 行动

第一，推动重点保护地建立监测巡护管理系统，实现巡护和监测标准化。

图 7-4　在中国的雪豹分布区，部分保护地拥有健康的雪豹种群。在卧龙国家级自然保护区，这只雪豹妈妈带着三个幼崽，相信在各方不断努力下，这个物种能够延续下去

供图：卧龙国家级自然保护区、北京大学野生动物生态与保护研究组

建议采用网格化管理方式，分解管护任务，落实责任主体，扫清管护盲区，实施量化考核，建立奖惩机制。充分调动基层群众和其他社会力量，以民间巡护员、野保员等形式，购买基层社区生态保护服务，补充保护地编制与资源的不足。目前，西藏羌塘国家级自然保护区已完成多个管护站的硬件建设，并应用信息化工具带动管理优化，并结合群众力量开展巡护监测工作，效果良好，可为借鉴。

第二，开展综合能力建设系列培训。针对不同管理层级设定培训内容：对省级保护主管部门，着重介绍国际雪豹研究与保护进展及趋势、大尺度保护成效评估、雪豹保护规划制定和公众传播方法；对保护区管理机构，着重介绍调查监测理论、网格化管护、数据管理和科学考核；对基层管护单元，重点介绍管护站点管理、雪豹痕迹辨识、红外相机维护、生态信息采集和系统终端操作等。培训形式可多元化，采取集中授课、实地操作和考察交流等方式。

第三，开展面向公众的自然教育。2017 年 9 月，中共中央办公厅、国务院办公厅正式印发《建立国家公园体制总体方案》。方案指出："国家公园坚持全民共享，着眼于提升生态系统服务功能，开展自然环境教育，为公众提供亲近自然、体验自然、了解自然以及作为国民福利的游憩机会。鼓励公众参与，调动全民积极性，激发自然保护意识，增强民族自豪感。"雪豹保护工作适合作为载体，向公众传播野生动物和生态系统保护理念与知识。

建设 5 个社区综合保护示范地

1. 背景

实现高寒山地生态系统人与自然和谐发展，是全球雪豹保护群体公认的目标之一。2013 年的《比什凯克宣言》到 2018 年的《国际雪豹保护深圳共识》一再重申该目标。据粗略估计，中国现有的保护地体系仅覆盖 22% 的雪豹分布区。换言之，中国绝大多数雪豹生活在保护地外，与农牧民为邻。要确保可持续的保护成效，需要协调当地社区的经济发展与雪豹保护的关系。当地社区的立场很大程度上决定雪豹保护的未来。

2. 目标

在西藏、新疆、青海、甘肃和四川等雪豹分布重点省（区），至少建成 5 个社区综合保护示范地。

3. 行动

第一，建立人兽冲突缓解机制，试点事前防御措施和事后补偿方案。雪豹猎杀家畜的频度及造成的损失，应较目前水平显著下降。当地群众对雪豹保护的态度转为积极。

第二，设立保护激励资金。外部激励与当地保护成效直接挂钩，即通过科学监测评估当地社区的保护成效，以正向的保护成效作为当地社区领取外部激励资金的前提条件。调动基层群众积极参与保护，增强群众对保护成果的拥有感与自豪感。提升社区在当地保护规划制定和实施过程中的作用，尊重并加强社区对公共资源的治理能力。

第三，探索绿色生计模式。建立专项基金，支持当地社区探索对自然生态友好的绿色生计模式，如自然观察节、高端野生动物观赏、自然教育基地、传统手工艺品、专业劳务输出等。目前三江源国家公园澜沧江源园区已在实践社区综合保护，采取包括肇事保险、社区监测、自然宣教和生态旅游等措施，逐步形成立体保护架构，成效良好，可供借鉴。

第四，总结并推广示范经验。总结可复制、推广的模式与机制，为其他雪豹分布区的社区及当地政府提供有益借鉴。

制定 5 个重点省（区）的雪豹景观保护规划

1. 背景

我国的雪豹保护工作已进入综合发展阶段，需要通盘考虑并优化保护资源配置。在景观尺度上实施系统化保护干预，是中国雪豹保护的关键步骤（图7-5）。景观保护已成为国际共识。如 GSLEP 提出"20by20"计划——到 2020 年前，保护全球 20 块重点雪豹景观地。该项目期望推动各雪豹分布国政府在景观尺度上制订切实可行、行之有效的保护方案。而中国参与 GSLEP 的雪豹景观数量和面积严重不足。

近年来，我国各分布省（区）已积累了不少雪豹保护经验，但综合保护方案仍限于局部区域，停留在试点阶段。在各省（区）内，尚未形成省（区）级雪豹保护规划。因此，我们建议在未来五年内，在雪豹调查和监测、保护地能力建设和社区保护示范的基础上，重点省（区）应完成制订全局性的保护策略和行动方案。

图 7-5　两只一岁大的雪豹正在打斗玩耍。它们很快将离开母亲开辟自己的天地，景观尺度的保护能为它们提供扩散廊道和潜在栖息地

供图：卧龙国家级自然保护区、北京大学野生动物生态与保护研究组

2. 目标

完成西藏、新疆、青海、甘肃和四川等雪豹重点省（区）的省（区）级雪豹保护规划。

3. 行动

第一，总结各省（区）内调查、监测和威胁评估结果，识别重要的雪豹景观。对应 GSLEP 优先保护区域计划，雪豹景观应为大面积连续分布的雪豹栖息地，包含至少 100 只可繁殖个体。

第二，制定各省（区）雪豹保护的愿景和目标，明确资源保障机制、保护干预机制、责任主体、治理结构和主要合作方，以及成效考核机制。针对重点雪豹景观保护地，开展种群动态监测、威胁动态评估，以及综合保护治理。

第三，形成稳定的各省（区）雪豹保护工作的交流、评价、促进机制，支持先进经验复制，鼓励各省（区）快速填补阶段性短板。

第四，积极开展国际交流，合理利用国际雪豹保护的经济和智力资源支持各省（区）保护规划的落地和推进。

目前，青海、甘肃已开始着手省级或区域性的保护规划工作，未来可供其他省（区）借鉴。

加强"雪豹中国网络"建设

1. 背景

过去 10 年间，中国雪豹保护取得的各项进展，离不开政府与国内外民间力量的紧密合作。中国已初步形成"政府主导、百花齐放"的雪豹保护局面。在政策的有效管理和引导下，越来越多的机构、团体和个人为中国雪豹保护积极贡献才智，并调动多方位的社会资源投入这项事业。民间力量的投入，对雪豹保护贡献巨大。未来中国雪豹保护，仍需要政府与民间，以及民间团体之间的紧密合作（图 7-6）。

2. 目标

"雪豹中国网络"得到加强，成为政府与民间、国内与国外，以及民间机构之间的沟通合作平台。

3. 行动

第一，设立中国雪豹保护联席会议，增强政府与国际、民间保护机构的行动协调与信息互动。

第二，吸纳国内外高校、科研院所、专业野生动物保护组织、社区发展组织、环保类基金会、专业媒体、社会企业，在法律法规的框架内积极参与中国雪豹保护事业。

重点合作领域包括：雪豹分布与种群动态调查研究、雪豹保护威胁科学评估、新技术试点与推广、社区保护及绿色发展、保护区监测与巡护能力建设、自然教育与公众传播、国际交流。

第三，建立中国雪豹保护国内外专家组，为保护区及民间团队提供技术能力建设与专业服务。推进政府外包保护服务实践。

第四，协助完善各重点保护地的访客宣教功能，建设中国雪豹保护在地宣传中心；树立一批基层群众、保护工作者、志愿者的优秀典型；支持一批反映雪豹及其保护工作的文艺作品、纪录片、短视频等；建设"中国雪豹保护志愿者平台"。

第五，加强面向雪豹分布区群众的宣传。在普法的基础上进一步丰富内容，以增强其乡土自豪感、形成社区正向心理常态为主要方向。宣传形式也将更加

图 7-6　在青海省杂多县昂赛乡政府所在地旁的山脊上，红外相机捕捉到了巡游的雪豹。人与雪豹的和谐共存，有赖于切实有效的保护行动。未来中国雪豹保护，仍需多方的紧密合作

供图：山水自然保护中心、北京大学自然保护与社会发展研究中心

多样化，如多媒体展示、自然保护课件、生活文创用品、社区野生动物摄影大赛等。

上述这些工作将有助于了解中国雪豹的综合情况，提升保护行动的有效性和针对性，改善重点区域雪豹的生存状况，优化保护资源利用方式，推动国内外合作。届时，中国将可能形成"政府主导、社会参与、广泛动员"的雪豹保护格局；中国雪豹研究和保护工作将迈上新台阶，为世界贡献中国的见解和方法。

◎ 结语

伴随中国生态文明建设事业的稳步推进，摆在我们面前的是重要的历史机遇：在中国西部广袤的山地里，我们非常有可能令雪豹与人类长久共存，和谐共享自然的慷慨馈赠。我们有理由相信：雪豹将成为中国野生动物保护史上又一个精彩的案例，也将再次铭刻我们为全球生物多样性保护做出的卓越贡献。

中国，不仅是全球雪豹数量最多的国家，也将成为雪豹及山地生态保护领域先进思想的发源地和先进实践的产出地。作为全球雪豹大国，中国已经以充分的实际行动向世界展示：为了这一物种的未来，我们正在挑起一个大国的担当。

◎ 参考文献

国家林业局，2013. 中国雪豹保护行动计划（内部审议稿）[M].

中国深圳国际雪豹保护大会，2018. 国际雪豹保护深圳共识 [M].

附录

Appendix

附录一　社区调查方法^①

◎ 开展社区调查的意义

　　大部分的雪豹栖息地与人类的活动区域是难以分割的，在很多区域，当地的农牧民在漫长的时间内维持自身的生产生活，并与雪豹等野生动物共存。而随着人口的增长和人类对自然资源利用的增长，雪豹栖息地也面临着人类活动的重大威胁。想要达到保护雪豹的目标，必须充分考虑和平衡各利益相关方，尤其是当地社区的问题和诉求。根据保护目标和当地的实际情况，一些人为活动必须受到限制，同时社区的传统生计和发展权必须得到尊重和保障，保护行动应当得到当地社区和居民的支持，并争取能够发动他们参与到保护行动中来。为了实现这些目标，需要通过调查充分收集当地社区的社会、经济、文化信息，以便对当地雪豹的威胁因素，以及为应对威胁可能采取的措施有全面的了解。唯有对社区情况做到心中有数，保护行动方能有的放矢。

① 根据北京大学自然保护与社会发展研究中心及山水自然保护中心联合编写的《雪豹调查技术手册》整理。

◎ 社区调查注意事项

调查前，对访谈中使用的提纲、问卷、地图等材料应认真进行修订。调查开始前，应对所有参与调查的人员进行统一的培训，保证调查者对访谈材料足够熟悉，能熟练使用，对各问题的理解和提问方式一致。

大范围的正式调查开始前应当进行预调查，通过预调查进一步了解社区的情况，同时对调查中使用的所有调查材料进行修订，使之更加符合社区的具体情况。

调查中，关键信息人访谈应当尽量多地调查社区的各类关键信息人，以便充分了解社区信息，并便于信息准确性的相互验证。对普通社区成员的调查应当注意覆盖社区内的不同群体，访谈注意要涉及社区内不同民族、不同文化背景、不同收入水平、不同生计方式、不同职业、不同年龄、不同性别的群体，以便使调查的结果充分反映所有群体的观念和需求。应在资源允许范围内尽量多地调查社区成员。覆盖各个群体，且被调查人数/户数达到全社区的至少20%是较为理想的情况，这样的调查结果能够很好地反映整个社区的情况。

调查中会提及和记录被调查者的相当多的隐私信息，因此在调查中需要遵循社会调查的伦理要求。调查开始前，调查者需要向被调查者说明自己的身份、调查的目的、调查的大致内容，由被调查者自愿选择是否参与调查。调查者还应说明被调查者可以拒绝回答任何问题、可以随时退出调查。应尽最大可能避免调查对被调查者的正常生活产生影响。

应妥善、全面地记录调查内容，在有条件的情况下，应保存录音以便核对。所有调查材料必须严格保密，不得泄露或用于其他用途，以免对被调查者造成负面影响。调查完成后，所有材料应按照统一格式及时整理、备份，妥善保存。

◎ 社区调查常用方法

文献研究

文献研究通常在社区实地调查之前进行，调查者需要收集各类已有的文献资料，对调查地点的自然社会情况建立初步的了解，并为访谈和问卷中的问题设置提供依据。

文献研究能够使用的资料是非常广泛的，包括当地情况介绍、来自统计年鉴或政府的社会统计资料、地方志、各类报告、新闻报道、游记、日记以及公开发表的学术论文和其他学术研究报告等。

不同地点能够找到的文献资料数量与质量可能差距极大。某些地区能够找到严格设计的学术研究结果和高质量的二手数据，已经可以对当地情况进行相当精确的分析解读；某些地区只能找到零星的资料和极少的统计数据。但无论是何种情况，都应当在开始实地工作前最大限度地收集文献资料并进行尽可能地分析。

建立在对社区充分了解基础上的社区调查才会是有效的。

访谈法

访谈法是由调查者向被调查者提出相关问题，由被调查者作答。常用的访谈方法有自由访谈和半结构访谈。自由访谈中，调查者只提出较为宽泛的主体题，由被调查者按照自己的思路自由回答，调查者根据回答情况决定是否追问或引导提问方向。半结构访谈具有严整的问题列表，调查者向被调查者提出列表中的问题，并记录被调查者的答案。访谈法中，被调查者的回答具有很高的自由度，能够对问题充分发表自己的看法和意见，在回答中能够提供大量的细节信息。

对社区内掌握关键信息人员的访谈被称为关键信息人访谈。这类访谈的对象通常包括乡、村、社干部，以及教师、兽医、护林员、年长牧民、僧侣、猎人等。比起其他当地人，关键信息人掌握更多社区信息，对社区的自然、社会、经济、文化情况更加了解，熟悉社区的结构和组织情况，并对较长时间内社区自然、社会情况的变化有更多的感知和了解。关键信息人通常在社区内有较高的威望和组织能力，并且是本土生态知识的主要掌握者和传承者，对本土与生态环境相关的制度和文化最为熟悉。因此，对关键信息人的访谈有助于快速勾勒出社区的面貌，对社区的自然、社会情况建立基本的了解，并能够为进一步的社区保护工作打下基础。因此对关键信息人的访谈通常会作为社区实地调查的第一步，为之后的调查工作积累信息，奠定基础。

但关键信息人并不能代表社区的整体情况，对不同背景的社区普通成员的调查是同等重要的。访谈法能够提供更多的细节信息，但操作中需要更多的时间、人力等资源。在具体工作中，可以根据调查目的和资源情况，决定在普通社区成员的调查中以使用访谈法为主或使用问卷法为主。

问卷法

问卷法是社区调查中另一种主要的方法。事先应准备好结构化问卷，由调查者向被调查者根据问卷提问，或由被调查者自己填写问卷。相比访谈法，问卷中提出的问题通常会给出答案选项，由被调查者在给定答案中进行选择。因此，问卷法相对更为快速、便捷，便于在工作时段内收集较多的结果，这使调查的结论能够更好地代表整个社区的情况，并能够使用定量的、统计学的方法进行分析，得出更有说服力的结果。

附录

常见的问卷提问方式包括：

填空题：

如：你们家现在饲养（　　）头牦牛。

选择题：

如：你们家现在采用的草场使用方式是（　　）。

a. 划分为夏季、冬季牧场　b. 划分为夏季、冬季、春秋牧场　c. 划分为四季牧场　d. 没有划分季节性牧场　e. 其他

是非题：

如：你们家的房屋是否曾被棕熊破坏：是／否

态度量表：如果涉及被调查者的态度，还可以使用态度量表进行调查。常用的态度量表分为三类或五类态度选项：

如：自家牧场上有野生动物是好事：支持／中立／反对

无论什么情况下，都不应该伤害野生动物：非常赞同／赞同／中立／反对／非常反对

问卷调查的结果应当在调查完成后尽快输入电子数据库中，妥善保存，并进行进一步分析。

小组座谈法

小组座谈法是选取一些社区成员组成一个小组，由调查者负责组织，针对一定的主题，在小组内进行讨论的方法。小组座谈法可以作为访谈法和问卷法的补充，在收集信息阶段、确定行动方案阶段、组织社区行动阶段都可以运用。与一对一的调查比较，小组座谈中的被调查者进入一个集体中，便于交流、讨论，对问题的答案可以相互印证、补充，便于提供更为准确的信息。同时，

群体的诉求、态度等与个体通常有一定差别，而这种差别在制定保护规划时也需要充分考虑。

小组座谈为被调查者提供较高的自由度，调查者应注意引导讨论的方向，避免小组内话题被引向与调查无关的方向。同时，小组内的讨论方向可能被表达欲望、表达能力较强的小组成员所掌控，调查者需要通过一定的规则或者方法，确保每一个小组成员都有充分机会发表自己的观点，并参与到讨论之中。

参与式绘图

参与式绘图是参与式调查方法中的重要部分，其目的是从社区成员中获得社区的重要地理信息和土地资源利用情况。绘图时，通常首先标定若干重要地标，如村中心、寺庙、河流、大山等作为参考点，之后由社区成员进行绘制。绘制不要求方向、面积等的完全精确，只要能确定各类土地单元的位置和范围，之后能够在标准地图上标出即可。通常参与式绘图需要收集的信息包括：主要居民点的位置、道路、主要地理单元、重要地名、社区边界、主要自然资源的位置（包括农田、牧场、水源、矿点、森林、薪柴采集点、药材采集点等），并详细记录每种资源具体的利用情况和利用方式；各类野生动物主要活动区域以及自然圣境等有特殊文化意义的区域等。

参与式绘图的结果可以利用地理信息系统工具进行数字化，便于分析和使用。现在，也可以直接使用便携式电子设备和电子地图直接进行绘图工作。对土地利用、自然资源利用、自然和社会环境的历史变化情况，也需要在绘图中特别关注和进行记录。

参与式观察

参与式观察要求调查者以一个"局外人"的身份，观察被调查者的日常生活，并有意识地详细记录被调查者的各类行动。参与式调查适合对社区的生产生活方式、自然资源使用方式、社区组织方式、人际交往方式、本土文化、本土生态知识等方面进行全面、细致的记录、分析和解读。

◎ 社区调查流程

通常的社区调查组织流程为：文献研究——预调查——社区本底调查——为保护工作服务的调查——保护工作效果调查——社区本底回访。第一次进入社区的调查通常以关键信息人访谈为主要方法，其他调查中应根据需要使用各类调查方法。

社区本底调查

对社区的本底调查的主要目的是获取社区自然、社会、经济、文化方面的基本信息，对社区情况建立充分了解，为进一步的保护工作提供依据。我们的社区本底调查为雪豹保护服务，因此其内容通常根据雪豹可能面临的威胁进行组织。根据世界各地已有的研究，雪豹面临的主要威胁包括：对雪豹的捕猎（包括为售卖雪豹制品进行的盗猎、对人与雪豹冲突的报复性猎杀和部分地区的战利品狩猎）、对雪豹自然猎物的狩猎、家畜与雪豹自然猎物的竞争、土地利用方式的改变（如修建围栏，草地转变为农田或城镇用地等）、矿产开发等。本底调查中应当收集所有与可能威胁有关的信息。

本底调查中可以综合使用各类社区调查方法。调查需要收集社区层面和户或居民个体层面的信息。

（1）社区层面，需要收集的基本信息如下：

社区人口统计学信息、社区基本经济信息、社区内主要生产方式、社区组织情况、社区历史、社区自然资源使用历史、社区的自然保护传统。

（2）居民调查中，需要收集的基本信息如下：

① 社会经济信息；

② 被调查者信息：包括性别、年龄、民族、受教育情况、宗教信仰、职业等（通常不需要记录被调查者的姓名）；

③ 家庭基本信息：家庭人口，家庭成员的年龄、性别、职业等；

④ 家庭经济情况：家庭的生计来源，家庭具体的收入、支出情况，家庭未来的发展意愿，家庭发展需求等；

⑤ 家庭生产信息：包括家庭使用的土地面积，土地权属，种植的各类作物面积、数量，饲养的牲畜数量，采集的薪柴、药材等的数量，作物、牲畜管理方式，季节历等；

⑥ 自然环境信息：包括社区内的森林、草地、水源等的情况和变化，野生动物的情况和变化等；

⑦ 人兽冲突信息：是否有人兽冲突发生，人兽冲突的类型、发生频率，人兽冲突造成的损失情况，对人兽冲突的忍耐程度等；

⑧ 社区文化信息：包括社区集体活动的频次，集体活动的参与情况，居民对自然的态度，对野生动物的态度，对自然保护法律法规的了解程度，保护行动的参与程度，本土生态知识，传统保护活动等。

需要注意的是，雪豹分布区域中的社区常有基于本土文化的传统的保护活动，这种保护活动通常由社区和寺庙联合组织，受到社区居民的广泛认同和参与。社区调查中应当对这类传统进行充分的了解，并设法将其与社区保护工作相结合。

为保护工作服务的调查

完成本底调查后，根据本底调查信息可以明确雪豹面临的威胁，从而设计保护工作方案。本阶段的社区调查主要为保护工作的设计和实施服务。保护工作中，通常需要社区改变某些生计方式（如禁止打猎、限制牲畜数量），为了向居民提供替代生计弥补这部分收入来源，保护工作通常会设计生态补偿、生态旅游等项目，同时还会设法减轻人兽冲突，以鼓励居民参与保护工作，减少报复性猎杀。社区居民如能参与到监测、巡护等保护工作中，则是更为理想的情况。而确定补偿标准、确定替代生计方式、确定应对人兽冲突方式等工作，都需要满足社区的需求，并获得社区的认可和配合。所以这一阶段的社区调查需要根据保护工作的需求决定调查内容，并灵活使用各类调查方法。

除记录家庭的基本人口和经济信息之外，本阶段的调查常包括以下部分：

① 对野生动物的态度：与基线调查相比，本部分的调查可以使用更多的问题，详细询问被调查者对各类野生动物的态度，以及与野生动物共存的可能性。被调查者可能对不同的野生动物抱有复杂的态度，可能会喜爱某些种类，厌恶某些种类，进一步的保护行动可以依据这些信息决定如何开展。

② 对生态补偿和替代生计的态度：为居民提供的生态补偿标准或替代生计方式需要得到社区居民的认可。不同经济文化背景的社区的态度可能相差很大，例如，某些社区可能强烈反对减少牲畜数量，某些社区可能不愿意开展旅游活动。本部分的问题可以假设一定的情景，请被调查者在假定的情景下做出选择。

③ 应对人兽冲突：应对人兽冲突可以采用多种方式，例如改变原有的生产方式，提供野生动物损害补偿，提供野生动物预警，隔离野生动物与人类活动

密集区等。在保护行动开始前，社区和居民也会设法减少人兽冲突的影响。除在基线调查中已经收集的人兽冲突的模式之外，本部分应当更加侧重人兽冲突的解决方案方面，寻找社区能够接受的、最有效果的应对方案，减少居民因冲突带来的对野生动物的负面态度。雪豹与人冲突的主要形式是雪豹对牲畜的捕食，主要的应对策略包括改进放牧方式、提供损失补偿、设法增加雪豹的自然食物等。调查中应当得到社区最为支持的应对方案。

④ 参与保护行动的意愿：调查社区居民参与保护行动的积极性、期望的回报、需要的支持等方面。

⑤ 其他：保护活动开始实施后，可以使用社区调查评估其有效性和改进方向。每隔 3 ～ 5 年，需要组织一次对社区的本底回访，及时发现社区自然、社会、经济、文化方面的新变化，尽早识别对雪豹的潜在威胁，改进雪豹保护工作。

◎ 调查问卷实例

社区基线调查问卷（三江源牧区使用）

问卷编号　　　　　访问时间　　　　　访问地（乡村社）

访问员　　　　　GPS 位点（　　　）N（　　　　）E

第一部分　被调查者基本情况

1.受访者性别:（1）男　　（2）女　　年龄　　民族

受教育水平：　无 / 小学 / 初中 / 高中 / 大学及以上

2. 语言水平：（汉）流利 / 尚可 / 会一点 / 完全不会

（藏）流利 / 尚可 / 会一点 / 完全不会

3. 是否参与（ 粮食作物种植 / 经济作物种植 / 放牧 / 虫草采集 / 其他药材采集 / 经商 / 其他 ）

其他请注明：

（现任 / 曾任）村里的职务：

4. 家庭成员基本情况（家庭成员的性别、年龄、居住地、职业）

5. 家庭已在本地生活大约（　　）年

第二部分　家庭经济情况

6. 自家共有草场（　　）亩或（　　）人份，使用方式为：

a. 冬、夏草场　　b. 春、秋、冬、夏季草场　　c. 四季草场　　d. 更多转场次数，移动使用草场　　e. 未划分草场

按照使用方式，记录各处草场由个人或集体放牧，是否有围栏。

7. 记录草场使用季节历，包括转场时间、各月份要进行的生产生活活动。

8. 感觉自家草场（是 / 否）够用？（是 / 否）租用别人家草场？若是，每年租金为：

感觉自家劳动力（是 / 否）够用？（是 / 否）曾雇用牧工？若是，雇用人数为：

支付工资为：

9. 目前饲养的家畜数量为：

牦牛：　　绵羊：　　山羊：　　马：　　狗：　　其他：

10. 家中牲畜数量最多的时间大约在：

目前的牲畜数量大约是牲畜数量最多时的（比例）：

你认为现在的牲畜数量：偏多 / 合适 / 偏少

未来你希望家中的牲畜：增加 / 维持不变 / 减少

11. 未来的家庭发展意愿：

a. 移民　　b. 继续放牧　　c. 经商　　d. 外出打工　　e. 其他

12. 目前家庭最关注的事情是什么？

a. 人兽冲突　　　　b. 草场质量　　　　c. 牲畜病害

d. 集体的产业　　　e. 政策、商品价格等外部影响　　　　f. 其他

13. 自己（如被访者是青年人）/ 对下一代（如被访者是中老年）未来的发展期望：

a. 继续放牧　　b. 城镇生活—公职人员　　c. 城镇生活—经商或打工　　d. 其他

14. 家庭收入构成：

牲畜出栏：　　　畜产品：　　　虫草 / 药材等：　　　打工：

政策补贴（种类 / 数量）：　　　　　经商：　　　　　其他：

15. 家庭消费情况：

食品：　服装：　宗教活动：　　治病：　　电器：　　交通：

通信：　礼金：　教育：　房屋、围栏等设施修整：　　　　其他：

16. 家庭每年的收入是否够用？是否有存款？是否有欠债？

第三部分　野生动物感知及态度

17. 近年来，身边的环境整体上是：变好 / 变差 / 变化不大

其中，* 草场：变好 / 变差 / 变化不大

*野生动物活动：变多 / 变少 / 变化不大

18. 近五年来，以下野生动物的数量变化为：

雪豹：增加 / 减少 / 变化不大 / 不太清楚

鼠兔：增加 / 减少 / 变化不大 / 不太清楚

旱獭：增加 / 减少 / 变化不大 / 不太清楚

岩羊：增加 / 减少 / 变化不大 / 不太清楚

19. 本地还生活着哪些野生动物？近五年哪些动物数量有较大变化？

20.（是 / 否）曾亲眼看到过雪豹，（是 / 否）知道社区中有人曾亲眼看到过雪豹；（是 / 否）曾亲眼看到过岩羊，（是 / 否）知道社区中有人曾亲眼看到过岩羊。

21. 我认为目前整个三江源的雪豹数量（偏多 / 偏少 / 正合适 / 不知道），我认为我社区周围的雪豹数量（偏多 / 偏少 / 正合适 / 不知道）；我认为目前整个三江源的岩羊数量（偏多 / 偏少 / 正合适 / 不知道），我认为我社区周围的岩羊数量（偏多 / 偏少 / 正合适 / 不知道）。

22. 未来五年，我希望整个三江源的雪豹数量（增加 / 减少 / 维持稳定），我希望我社区周围的雪豹数量（增加 / 减少 / 维持稳定）；我希望目前整个三江源的岩羊数量（增加 / 减少 / 维持稳定），我希望我社区周围的岩羊数量（增加 / 减少 / 维持稳定）。

23. 我所在社区中（是 / 否）存在盗猎雪豹的情况，我所在社区中（是 / 否）存在盗猎其他野生动物的情况；（是 / 否）听说过其他地区盗猎雪豹的情况；（是 / 否）听说过其他地区盗猎其他野生动物的情况；（是 / 否）知道有人来收购野生动物制品。

24. 所在社区（是 / 否）有矿产开发项目。

第四部分　人兽冲突情况

25. 家中是否遇到过以下情况：

a. 雪豹捕食家畜　b. 狼捕食家畜　c. 棕熊破坏房屋　d. 野牦牛混群　e. 野生动物伤人

26. 请回忆，过去五年因为野生动物造成的牲畜损失大约为：

其中雪豹造成的损失大约为：

27. 如有雪豹捕食家畜的情况，请回忆，雪豹捕食家畜最多的季节为：春季 / 夏季 / 秋季 / 冬季

捕食家畜最多的时间段为：0 ~ 8 时 / 8 ~ 12 时 / 12 ~ 18 时 / 18 ~ 24 时

28. （是 / 否）试图采取措施减少雪豹对家畜的捕食；（是 / 否）曾经采取措施应对其他野生动物损害。

29. 对畜群加强管理（是 / 否）有助于减少牲畜的损失。在没有外来补偿情况下，雪豹造成的畜群损失在（　　）以内是可以接受的。

30. （是 / 否）希望牲畜的损失得到补偿？　如果牲畜的损失不能全额补偿，你认为补偿（　　）% 是可以接受的。

31. 如雪豹捕食你的牲畜，你（是 / 否）仍然希望自己的社区周围有雪豹。

32. （是 / 否）在遭到损失后有过报复雪豹的想法？（是 / 否）听说过社区有人对雪豹进行报复。

第五部分　现有的保护行动

33. 你所在的社区（是 / 否）有护林员或社区巡护员，你（是 / 否）担任过这类工作，（是 / 否）了解其工作内容。

34. 在社区周围（是 / 否）有神山。名称为：

（是 / 否）参加过转神山活动，（是 / 否）参加过巡护神山活动，巡山是（自发的 / 社区或寺庙组织的　）。

神山范围有哪些禁忌：

35. 如果参加宗教活动，通常去的寺庙：

36. 以下这些事情你都参与做过哪些？

a. 野生动物巡护　 b. 收拾垃圾　 c. 去外地的大神山转山　 d. 去外地的大寺庙朝圣

37. （是 / 否　）希望参与到野生动物保护工作当中，如果希望参与，希望

得到：

    a.政府组织 b.资金支持 c.技能培训 d.寺庙支持 e.补助 f.其他

    38.你听说过以下哪些词语：

    a.三江源自然保护区 b.三江源国家公园 c.野生动物保护法 d.退牧还草 e.生态补偿

    39.你认为保护环境的重要性是：非常不重要 / 不重要 / 中立 / 重要 / 非常重要

    40.你对保护环境的知识主要来自：

    a.政府宣传 b.宗教传统 c.宗教人士宣传 d.邻里朋友影响 e.其他

第六部分　环境态度调查

    （本部分调查使用态度量表，请被访者表达自己对问卷中表述的态度，态度分为：强烈反对（反对 / 中立 / 支持 / 强烈支持）没考虑过或说不清）

问卷调查样表

	强烈反对	反对	中立	支持	强烈支持
无论是否能看到雪豹，我都希望社区周围有雪豹生活					
有雪豹生活的地方环境比较好					
看到野生动物会使人心情愉快					
我们有责任让我们的后代也能看到野生动物					
雪豹存在能够更好地吸引游客					
牧民和野生动物是能够共存的					
雪豹数量太多会影响牲畜					
岩羊数量太多会影响牲畜					
牲畜数量太多会影响雪豹的生存					
我希望我所在社区有比其他社区更多的雪豹					
如果对雪豹保护有帮助，我愿意改变某些自己的行为，例如减少牲畜、出让草场					
我很难从事放牧之外的工作					
比起城镇，我更愿意生活在草场上					
我愿意自己的草场上有野生的食肉动物					
我愿意自己的草场上有野生的食草动物					
无论什么情况下，都不应该伤害野生动物					
我对藏传佛教的信仰很虔诚					
我很了解藏族的传统文化					
我很了解我社区周围的自然环境					
我已经采用了最好的放牧方式					
即使有其他的收入来源或者工作机会，我也不会放弃放牧					

附录二　遗传学工具和生物样品的采集、保存与运输①

◎ 遗传学基础知识

什么是 DNA？什么是基因组？ 生物体的遗传物质是脱氧核糖核酸，就是我们所熟知的 DNA，它是一类由脱氧核糖核苷酸组成的双螺旋状生物大分子，携带着生物体的遗传信息。那么我们常常听到的基因组又是什么呢？在动物细胞中，DNA 存在于细胞核和线粒体中，一个细胞核或一个线粒体中的全部 DNA 分别称为"核基因组"或"线粒体基因组"。

基因组里只有基因吗？ 虽然叫"基因组"，但基因组中并非只有基因。基因是指在细胞中起着指导生物体蛋白质等合成的一小部分 DNA。除了基因以外，基因组中还存在着大量不编码蛋白的 DNA，可能起着调控遗传信息的作用，甚至没有特定功能。实际上对它们中的大多数，人们至今尚无法搞清它们是做什么用的。

① 根据北京大学自然保护与社会发展研究中心及山水自然保护中心联合编写的《雪豹调查技术手册》整理。

基因组包含什么信息？组成 DNA 的脱氧核糖核苷酸分子有四种：脱氧腺苷酸、脱氧鸟苷酸、脱氧胞苷酸和脱氧胸苷酸，区别仅在于其含有不同的含氮碱基。核苷酸本身并没有遗传效应，但四种脱氧核苷酸排列起来的序列——"DNA 序列"，则是基因的语言，构成了遗传信息。这些遗传信息可以精准地指导细胞在何时何处合成怎样的蛋白质。但这部分内容不是我们在此关注的，故不做赘述。

基因组之间的差异是很重要的信息！在保护中，我们关注的是基因组之间的差异，这些差异体现在不同层次：使得我们与我们的近亲——猿类分化开来（物种分化）；非洲疟疾流行地区的人群比其他地区的人群对疟疾有更强的抵抗力，但也导致了镰刀型细胞贫血症（选择适应）；除了同卵双胞胎外，没有两个人有完全相同的基因组（生物个体差异）；等等。DNA 具有遗传和变异的特性。生物的繁殖和生长都是通过细胞分裂实现的，细胞分裂的过程中，DNA 在其特定化学环境作用下可以复制自己，然后分别进入分裂产生的细胞中，从而保证每个细胞中都存在一个相同的拷贝。然而，在 DNA 复制的过程中有一定概率会发生错误——突变，引起 DNA 序列的变化。突变如果发生在生殖细胞中就将传递给后代。这些变化在每次繁殖过程中都会发生，但并不是所有的突变在接下来的一代代传递中都能保存下来，有些变化被淘汰，有些幸存下来，有些甚至数量变得比原来的序列更多。一个突变是否能保存下来取决于个体的繁殖或死亡，而有些序列突变又影响着生物个体的生存和繁殖。有功能的基因序列往往受到"自然选择"作用的定向选择，以维持它的稳定功能，因此基因序列非常"保守"，绝大多数突变都无法保留。保守的意思就是在不同生物个体之间，甚至在物种间都没有或只有很少的序列差别。而另一些位于非功能区域的突变则主要受到"随机漂变"的作用，简单说就是携带某突变的个体如果因为随机的原因偶然死亡或没有留下后代，这个突变也将跟着生物个体一起消失。这一作用在个体数量少的种群中尤为明显。经过突变、"自然选择"和"随机漂变"的综合结果，最终在生物的几个不同尺度上，如不同个体之间、种群之间，乃至物种之间，"基因组"的 DNA 序列形成了不同程度的差异。通过观察这些差异，不仅可以区分物种、辨别个体，还可以窥见种群数量变化的历史。

DNA 怎样帮助保护？ 在保护一个物种时，我们需要获取物种在个体、种群和景观等几个层次的生态学知识，并分析物种的受威胁情况。遗传学方法通过检测基因组之间的差异，可以快捷准确地揭示出很多通过宏观观察无法或难以得到的信息，从而辅助我们在多个层次更好地认识一个物种，为了解与保护物种提供指导和帮助。举例来说，它可以确定动物痕迹来源于什么物种，甚至根据粪便辨别动物进食过什么食物；它可以区分动物痕迹来自几个不同的个体，并且鉴别它们的性别；也可以推测一个种群在过去千百年内有没有个体数量的重大波动；利用遗传学数据还可以进行景观尺度的研究。这里的"景观"就是指地理单元，即一定区域内由地形、地貌、土壤、水体、植物和动物等所构成的综合体，三江源就可以被称作一个较大的景观。将种群遗传学、景观生态学以及空间统计等多个学科的方法相结合，可以看出景观与景观之间是否连通，过去与现在经历了或者正在经历怎样的变化，这些变化又如何影响着景观内物种的生态学这样的问题。如果想了解更多具体的原理，请参见"遗传学工具的基本原理"。

信息从何而来？ 要回答上述问题，需要从来自被研究动物的各种生物样品，如组织（肌肉、内脏等）、血液，甚至生物的痕迹物质（如粪便、分泌物和毛发等）中提取出它的 DNA，然后通过对分别被称为"物种标签"和"分子标记"的各种 DNA 片段的分析，来获取所需的遗传信息。整个过程都依赖于分子遗传学技术手段的应用。分子遗传学技术分为样品采集、实验室实验和数据分析三个重要步骤，其中后两步在遗传学实验室中完成，在此不做赘述。而样品采集是后两个步骤的决定性基础，影响着整个研究的成败。只有严格遵循样品采集和保存的操作规范，才能使遗传信息准确而完整地保留。无计划的采样、样品信息的缺失，或者样品保存的不规范等都可能使辛苦的野外采集工作和昂贵的实验室工作功亏一篑。为保证所采集的样品和信息能够有效解释所关心的问题，建议野外工作者在收集样品前，向有样品收集经验的遗传学家咨询并讨论决定：① 采集哪种生物材料，② 怎样科学地设计采样，以及③ 选用哪种采样技术。

◎ 采集哪些生物样品

遗传学研究中的 DNA 需要从生物样品中提取获得，生物样品可以来自麻醉的动物活体（血液、组织）、动物尸体（组织）或者野外环境（粪便、毛发、分泌物、尿液等）。血液、组织和粪便样品是遗传学研究中最理想的几种生物材料。

血液：哺乳动物的血红细胞没有细胞核，血液 DNA 来自血浆中较少的白细胞，但仍可提供大量高质量的核基因组 DNA，不过线粒体基因组 DNA 所占比例非常低。

组织：如肌肉、肝脏、心脏、肾、脾、脑等，能提供大量的完整核基因组 DNA 和线粒体基因组 DNA。

粪便：粪便样品是近来常用于遗传学研究的生物材料，粪便表面所携带的肠道上皮细胞中可提取出质量较好的核基因组 DNA 和线粒体基因组 DNA，并且 CITES 条约也不限制粪便样品的运输，但粪便样品中的 DNA 量较少，且已不同程度降解。

毛发：无法获得上述样品时，带有毛囊的毛发是最后的选择，因为其DNA 含量少，质量低，提取难度大，易被污染且存在扩增阻抑物。

基于粪便和毛发等的采样对动物体不造成影响，称为"非损伤采样"。

◎ 遗传学工具的基本原理

物种鉴定：野外环境不利于 DNA 保存，动物的 DNA 可能已降解成短片段，物种鉴定常选用线粒体基因组这种高拷贝的基因片段序列来进行。线粒体是一种存在于大多数细胞中的细胞器，是细胞中制造能量的场所，具有自身的闭环型遗传物质——线粒体基因组，包括线粒体细胞色素 B（Cyt B）、12S rDNA、16S rDNA（Shehzad et al., 2012）。Cyt B 基因起源古老，几乎所有真核生物和许多原核生物都有这个基因。同时它的序列变异率比较高，不同物种的序列存在较大的差异，可通过这些差异来区分物种。12S rDNA 和16S rDNA 是编码核糖体（细胞中合成蛋白质的细胞器）结构中 RNA 的基因。12S rDNA 和 16S rDNA 在物种间也存在序列差异。PCR（聚合酶链式反应）技术可以将基因组中的特定序列进行扩增和富集。通过 PCR 将物种鉴定中需要对比的三个区域扩增，并进行 DNA 序列测序，所得序列与已有的数据库中物种的同源序列进行比对，即可确定粪便样品是来源于什么物种。

食性鉴定：利用线粒体基因，不仅能鉴定粪便 DNA 样品是否来源于雪豹，还可以获得雪豹的食性信息。猎物在雪豹的肠道被消化形成粪便的过程中，一些 DNA 片段仍会残留在粪便中。PCR 技术与高通量测序结合的 DNA 宏条形码（metabarcoding）技术可以同时测出这些食物的线粒体 DNA 序列，通过序列比对可确定各种食物属于什么物种。除了 DNA 检测方法，食性还可以通过别的方法来检测，如利用显微镜进行形态鉴定，以及用食物特异抗体与肠道内容物进行反应等（Pompanon et al.，2012）。

个体鉴定和遗传多样性：使用微卫星方法，可以基于粪便 DNA 样品进行雪豹的个体鉴定。微卫星又称短串联序列重复，在核基因组中大量存在，由核心区与侧翼区两部分组成。侧翼区为核心区两侧的序列，较为保守，序列突变较少，不同个体间没有差异。中间的核心区含有重复一次以上的短片段序列，并且重复次数因个体而异，7 个以上不同微卫星位点的差异就可以作为区分不同个体的标准。通过 PCR 技术在各粪便 DNA 中扩增雪豹适用的微卫星位点，并用荧光标记扫描的方法读取各位点的长度，从而得到个体在几个位点的微卫星序列重复次数，进而将粪便样品对应到单一的雪豹个体。利用专用软件分析微卫星数据，还可以估算出种群的遗传多样性，揭示种群的遗传结构，显示种群间的遗传交流。

性别鉴定：粪便 DNA 还可以揭示雪豹的性别。雄性哺乳动物有 X、Y 染色体各一条，雌性哺乳动物有两条 X 染色体，没有 Y 染色体，利用这一原理，Y 染色体上锌指结构基因（*ZFY*）和其在 X 染色体上的同源序列 *ZFX* 基因被用来对样品所来源的个体进行性别鉴定。通过 PCR 技术将粪便 DNA 中的 *ZFX* 与 *ZFY* 基因片段进行扩增，可依据电泳出现的条带数量判断个体的性别。

◎ 如何科学地设计采样

遗传学的研究较为微观，一般都在分子水平上进行，通过对于研究物种

DNA 信息的解读来获得研究人员需要的信息。所需的 DNA 信息有不同的来源，以雪豹为例，从粪便与毛发就可以提取出该个体的信息用于分析，由于采集粪便节省精力与经费，现在的研究大多采用粪便作为 DNA 的来源。生态学的研究较为宏观，将二者结合起来的关键之处在于采样方法的设计。采样设计合理，则可得到整片景观中种群的信息；若采样设计得不合理，得到的结果很可能不能代表整片景观，甚至可能会误导保护与管理工作的方向。

我们首先谈谈采样设计。由于种群遗传学的要求，对于一个种群，至少要包含 20 个以上的独立个体（彼此没有亲缘关系的个体称为独立个体）才能有效地代表整个种群。考虑到会误采集的非雪豹粪便和相同雪豹个体的粪便，在采样时希望能够尽量在多个区域进行，每个区域采集至少 10 份粪便样品，便于后续分析。如果样品量太小，遗传学的数据就不能很好地回答景观尺度的问题。在采样时有多种设计方案，Oyler-McCance 等人在 2013 年做的研究表明，随机取样法、按样线取样法、系统取样法能够准确地反映特定景观下种群的遗传多样性（Oyler-McCance et al.，2013）。

具体来探讨一下雪豹的情况。由于雪豹的活动区域常在崎岖不平的山脊线，有的时候采集者很难通行，利用随机取样法来完成样品采集很困难。随机取样法要求的是随机选择取样地点，如果选取的地点难以到达，就无法满足取样的要求了。按样线取样法也不太现实，按样线取样法需要在取样范围内沿着每条路的两侧取样 250m，希望取样范围能够更多地覆盖到雪豹的栖息地，然而现在的道路网络分布常常不够广泛，不能满足对雪豹栖息地的覆盖度的要求，但是，在山谷里利用样线法进行采样还是可以考虑的。相比之下，系统取样法则是非常现实并且实用的。系统取样法是在研究区域内设定出网格系统，网格的尺寸可以根据物种以及所需样品数目来确定，再在每个网格中进行取样。采样网格的设计可以参考红外相机陷阱的网格设计，布设红外相机的地点可以作为具体的采集非损伤性 DNA 样品的地点；如果采样网格内没有布设红外相机，则可以参考相邻网格中红外相机的地点来确定采集样品的地点。

完成采样设计后，我们就能够确定采样的地点了。那么应该按照怎样的时间频次，以及如何进行采样呢？这就需要根据研究的问题来具体规划了。利用遗传学的方法，结合一些统计模型，可以对一些行踪诡秘的野生动物进行种群数量和密度的估计，这在许多文献中也都有提到。这些模型通常都是基于经典的标记重捕（捕获—再捕获）理论。标记重捕模型要求种群在地理上和数量统计上都闭合，即在研究的这段时间内，种群的数量不发生变化，即没有出生与死亡，没有迁入与迁出。然而现在我们对于雪豹的分布与种群结构知之甚少，这个要求很难满足，在看待利用这样的模型方法得到的结果时，需要更加谨慎。如上面所说，在采样设计时，系统取样法对于雪豹研究是最合适的，在结合标记重捕模型进行具体应用时，也要进行一些补充，主要形成了以下三种方法：

● 第一种方法是简单地进行原始的系统采样法。这种情况下，标记重捕模型中的"捕获"阶段是对于一个个体的最初的鉴定，"再捕获"则是同一个体的连续的取样。

● 第二种方法是进行真正的再捕获。第二次取样则选在同一取样区域，经过一段时间后进行取样（采样时间间隔应满足闭合种群的条件，就是说应在重要的种群数量变化如出生、迁入／迁出等发生之前，因此采样间隔选在一年以内比较理想）。

● 第三种方法是最严格的。在网格中确定采样区域，在区域内的采样应在单一采样时间区间进行，即完成捕获。之后，采样区域的所有样品都应该被清除掉。过了足够长的时间之后在同一采样区域进行第二次采样，即再捕获。

对于雪豹来说，最常见的非损伤性样品是粪便。利用雪豹粪便作为DNA的来源还有一点需要考虑，即雪豹的栖息地常为干燥寒冷的，在这样的气候条件下，粪便得以良好保存，其中的DNA可在野外保持相当长时间的活性。但是，这就导致再捕获采集到的代表各个体的样品可能已经在野外存在很多年了，而不是在研究时间内由新个体产生的新鲜粪便样品，产生对雪豹数量的过高估计。如果需要更耐得住推敲和更准确的种群估计，第二和第三方法应值得考虑。

通过以上的采样设计进行样品采集后，不仅可以得到种群数量、密度的信息，在分析每个个体的遗传信息后，还可以得到几个种群遗传学相关的重要参数。在保护领域主要关注的是基因流以及有效种群数量。基因流是一个集合术语。我们知道，基因决定着个体的性状并且可以由亲代传递到子代，这也是为什么亲代和子代在体貌特征上会有很大的相似性。基因在亲子代之间通过DNA传递着，它在个体、种群甚至是不同的种群之间都可以转移。利用一些DNA标记可以研究种群内各个个体某些特定基因的关系，从而确定种群的遗传关系。计算基因流的遗传学参数使得从事保护的学者能够理解种群之间的关系，还能够评估遗传变异程度，从而在一系列给定的物种中评判出保护优先级别。有效种群数量（N_e）是一个反映种群动态与遗传漂变之间关系的重要变量。遗传漂变是发生在种群各世代间的等位基因频率上的变化，产生这种变化的原因是因为亲代双方各自只将双份等位基因中的一份传递给子代，因而在亲代和子代之间等位基因的频率可能发生改变。如果没有基因流，孤立的种群很可能产生有显著差异的等位基因频率，从而产生种群遗传学结构变化。小种群特别容易因为遗传漂变而产生遗传变异的丢失或者重排。因此，遗传漂变是一个对于保护生物学有重要应用意义的过程，因为它对于种群的波动、时空的孤立特别敏感。N_e相关的知识在保护中可成为非常有利的工具，用以指示遗传多样性的丧失、近亲繁殖和种群分化。

景观层面的问题，也可以通过遗传学数据来试图解决。现在景观受到人类影响越来越大，栖息地在各地呈现破碎化，形成斑块。为了了解栖息地内的种群是否受到破碎化的影响，变成一个个亚种群，可以在各个斑块中采集样品，比较分析其中的不同个体遗传信息差异，从而判断种群是否被割裂。例如，一条大河分割出两岸，或者一个村庄隔离两座山，为了探究河两岸或者两座山之间的雪豹种群是否还能够相互交流、繁殖，我们可以在不同地点采集雪豹粪便样品，分析其中的遗传信息，进行比较，来判断河流与村庄是否使雪豹种群分割成亚种群，雪豹的种群是否孤立。孤立的小种群很容易发生绝灭，由于长期种群内完成繁殖，种群的基因会变得越来越单一，可能产生近交衰退、免疫反应退化、适应潜力丧失以及更易受到随机事件（例如地震）的影响。

◎ 生物样品采集操作规范

遗传学采样的基本原则：

● 保护采样者的健康安全和动物的福利。无论是在野外检查动物活体或尸体，还是采集样品的过程中，都必须佩戴一次性实验手套，避免人类和动物的病原相互传递，也避免粪便保存时使用的无机试剂伤害人体。在室内等空气不流通的环境与粪便近距离接触时需佩戴口罩，防止吸入粉尘和寄生虫等。

● 尽量保存样品中有活性的 DNA。野外环境中的紫外线照射、微生物分解、风化作用和温度波动都会导致样品中 DNA 的降解或失活，进而无法用于分析。因此选择新鲜度较高的样品，并用适当的方法尽快将其干燥和冷藏是保存有效 DNA 的必要操作。在野外工作中，稳定的低温条件往往难以实现，因此主要依靠干燥和避免温度波动来保存样品。保存方法需在采样前咨询遗传学家，并根据自然环境和工作条件综合决定。例如，干燥的气候条件下，样品中的 DNA 容易保留，只需使用硅胶颗粒来保持干燥；如果采样环境潮湿，DNA 则由于微生物的作用很快被降解，采样时需要用无水乙醇来快速干燥样品。

● 严格防止样品间污染。污染指一个样品的 DNA 分子转移到另一个样品中，即使是少数几个分子也可能导致分析结果的错误。因此必须避免样品间任何直接或间接的接触。样品收集管绝不可重复使用，采样时必须佩戴首次使用的干净的一次性手套（裸露的手也是污染源），每个样品采集完成后更换新的手套。接触过任何样品的一次性用具（如石头、树枝、手套、滤纸等）必须丢弃，不得接触其他样品；非一次性用具（如刀、漏斗）如果以任何方式接触到任一样品，必须用高温灼烧或其他方法除去污染 DNA 才可再次使用；样品尽量一次性收集到管中保存，减少转移过程中的污染。

● 编号唯一性。每一个样品必须有唯一编号，同时每一个样品编号对应唯一样品。样品采集管上编号与野外记录样品列表中编号一致；对同一份粪便，如同时收集食性样品，DNA 样品与食性样品编号一致。

信息记录

样品的信息与样品本身同样重要，没有信息或信息不完整的样品也就没有分析的意义。所以每个样品必须分别贴上信息完整的标签：

物种名；采集人及样品编号；地点（国家 /GPS 位点）；日期；个体编号（若已知）；个体性别与年龄（若已知）。

例如：SL（表示雪豹 snow leopard）；CC248；AS（表示昂赛 Angsai）/ 坐标；160807（表示 2016 年 8 月 7 日）；M23；Adult male。

写标签的标准过程如下：

- 用不易掉色的记号笔（推荐 Sharpie 牌）将信息写在容器外面。

- 放在 15mL 或 50mL FALCON 管（离心管）中的样品，用铅笔写在小纸片上的标签应放入管内的缓冲液或硅胶中。

- 放在 NUNC 管（1.8mL）中的样品，标签应分别写在管盖、管壁上。

- 包在铂纸中的样品，用记号笔在铂纸外表面写上编号，装于自封袋中，用铅笔写上信息的标签也装入其内，在自封袋外面同样写上编号。

装于任何容器中的样品，哪怕是胶卷盒或信封，都要确保外表面和内部均有标签。

除了样品上的标记，野外采集的样品还要有配套的一个标准数据表，提供采集地、日期、对样品的描述和其他相关痕迹的描述。一本详尽的野外笔记的重要性如何强调也不算过分。笔记中应包括详细的栖息地信息和样品采集方法的描述，如有动物的身体状况等信息，也应该描述清楚，有可能的话拍照存档。样品和信息必须确认一致，并一同送达实验室。

从活体或死亡个体中采样

1. 组织样品

采集：准备实验手套、消过毒的刀（用酒精浸泡后用火的外焰灼烧）、家畜耳号钳。

对于麻醉动物，用耳号钳在耳朵上取约 2 ~ 3mm^3 的组织。

对于死亡个体，从肝脏、肾脏、胰脏、骨骼肌、心脏或脑组织取最小 1cm^3 的组织样品。

储存：有以下选项可供选择，但方案 1 为最佳。

方案 1：每个个体的组织样品分别存于 70% ~ 99% 乙醇中，建议浓度越大越好，若有条件的话存于 4℃。具体操作步骤见"酒精法保存组织样品具体步骤"。

方案 2：将来自同一个体的样本存于 5 倍于组织体积的组织贮存缓冲液中（配法见"组织贮存缓冲液的配制"），存于常温，避光避热。

方案 3：将来自同一个体的样本存于离心管或铂纸中，−20℃保存。

运输：确保密封，离心管最好用 Parafilm 封口膜封口。运输前应先申请好运输许可。

2. 血液样品

采集：强烈建议在有资格的兽医的指导或训练下进行采样。具体采样过程见 *Jaguar Field Health Manual*（Deem et al.，2000）。

理想情况下每只动物个体采集 5mL 全血。若采血是用于健康检查，其中的一部分可以用于 DNA 分析。

注意：对于动物尸体，若要做遗传学分析，应取组织样品而非血液样品。

储存：有以下选项可供选择，但方案 1 为最佳。

方案 1：以 1 ：5 的体积比将全血加入装有组织贮存缓冲液的离心管中。存于常温，避光避热，可保存几个月。一般来说只要缓冲液量多于血量即可。

方案 2：取 3 ~ 5mL 的血样存于装有抗凝剂（肝素）的真空管，或者装有 EDTA 的真空管中。可以在冷藏条件下保存最多 3 天，需要尽快运走。

运输：确保真空管密封良好。运输前应先申请好运输许可。

无损采样

1. 粪便样品

野外识别雪豹的粪便：主要依靠粪便的尺寸、形状识别，同时观察粪便周围是否有雪豹的爪印、挠痕或者气味等。也可以根据粪便的颜色、形状、地点或者周围是否有猎物残骸来判断。粪便的新鲜程度根据颜色、状态、味道和坚硬程度判断，旧的、腐朽的粪便样品不予采集。

采集：严格注意避免污染，采集过程中一定要戴一次性实验手套，用消过毒的器具，用干净的新容器。

储存：有以下选项可供选择，但方案 1 为最佳。

方案 1 ：两步法。用 3 倍体积于样品的 95% ～ 100% 乙醇浸泡 24 小时后，将样品转移入装有硅胶的离心管，若有条件的话存于 4℃。具体操作步骤见"两步法保存粪便样品具体步骤"。

方案 2 ：晾干，避免阳光直射。每个粪便样品保存于塑料袋、纸袋或离心管中，加入 4 ∶ 1 质量比的硅胶粒。

方案 3 ：用 95% ～ 100% 乙醇浸泡保存。

运输：确保密封，离心管最好用 Parafilm 封口膜封口。运输前应先申请运输许可。

2. 毛发样品

采集：严格注意避免污染，采集过程中一定要戴一次性实验手套，用消过毒的器具，用干净的新容器。

用镊子或手指拔出毛发，注意采集到毛根、毛囊。每个样本建议至少包括 3 ～ 10 根毛发 / 个体，也建议每个个体采集数个样本。

储存：干燥保存于纸信封中，其他不透水气的容器不建议使用。

运输：确保信封密封良好。

运输前应先申请好运输许可。

3. 硬性组织样品

硬性组织样品包括干燥的皮肤、骨骼或牙齿。

储存：干燥保存于纸信封中，其他不透水气的容器不建议使用。

运输：确保信封密封。运输前应先申请好运输许可。

◎ 酒精法保存组织样品具体步骤

1. 采集用品准备

透明胶带，Falcon 352070 50mL 锥形离心管，一次性实验手套，无水乙醇，5/10/12 号自封袋，一次性口罩，小刀（刀片／手工刀／解剖刀），镊子，盛放使用过的小刀、镊子的容器，打火机，Parafilm 封口膜，漏斗，铅笔，Sharpie 记号笔，剪刀，笔记本，纸巾。

2. 具体操作

采样时，每天每组带几个 5/10/12 号封口袋。优先采集肝脏、肾脏、脾脏、骨骼肌、心脏或者脑组织样品。对于每份样品，封口袋上用 Sharpie 记号笔写上样品信息：日期（"YYMMDD"）、采样人＋编号（"XX000"）、物种以及组织描述（如"肌肉""皮"等），再用铅笔在纸片上写同样信息，放入袋中。填写野外样品信息记录表。戴上一次性手套，将组织放入封口袋中（可以借助附近的石头／树枝），封口。丢弃手套、石头／树枝。

采样结束后，核对调查记录中的样品列表，确认样品的编号和数量均与记录一致。戴未使用过的一次性手套，用打火机外焰灼烧小刀清除 DNA。取50mL 离心管，用 Sharpie 记号笔写上对应的所有样品信息。取出封口袋中组织样品，切适量组织块（对于尸体至少 $1cm^3$）放入离心管，向离心管中加入没过组织块的 75% ~ 100% 乙醇。盖紧管盖，用 Parafilm 封口膜多层封口，装入 5 号封口袋中。若有条件，4℃保存。运输需要去除乙醇，可戴一次性手套将管中酒精倒出，运输过程中将样品包裹在金属箔片中，保持冷冻状态进行运输。

◎ 组织贮存缓冲液的配制

组织贮存缓冲液（1∶5 组织缓冲液）：0.1mol/L Tris，pH 8.0 HCl；0.1 mol/L EDTA-Na$_2$；0.01 mol/L NaCl；0.5%（m/V）SDS（终 pH 7.5 ~ 8.0）。

配制 1L 的组织贮存缓冲液：0.1 mol/L Tris（12.11 g/ L）；0.1 mol/L EDTA-Na$_2$（37.22 g/ L）；0.01 mol/L NaCl（0.5844 g / L）；0.5%（m/V）SDS（5 g/ L）；最终 pH 7.5 ~ 8.0（用 HCl 调节）。

存于室温，避光避热。

◎ 两步法保存粪便样品具体步骤

1. 采集用品准备

胶带，50mL Falcon 离心管，一次性实验手套，无水乙醇，5 号自封袋，一次性口罩，小刀（刀片 / 手工刀 / 解剖刀），镊子，盛放使用过的小刀、镊子的容器，打火机，Parafilm 封口膜，漏斗，铅笔，Sharpie 记号笔，剪刀，笔记本，纸巾，硅胶颗粒，滤纸，离心管架。

2. 具体操作

采样前，用漏斗给每只 50mL 离心管加入 35mL 无水乙醇，用裁剪成适当大小（1 ~ 1.5cm 宽）的封口膜进行封口，排列在管架上，装进塑料包装。

采样时，每天每组带 20 只离心管、20 段封口膜。

① 信息记录：选取较为新鲜的样品进行采集，离心管上用铅笔写样品信息：日期（"YYMMDD"）、采样人 +GPS 编号（"XX000"）、样品序号（同一位点有多份粪便样品时使用 "-1""-2" 等）、物种以及粪便新鲜程度描述［示

例："150805 CC056-1；SL（表示雪豹 snow leopard）; old"]。填写野外样品信息记录表，记录调查人（即采样人）、日期、GPS 机器编号、位点编号、野外判断的物种、标记类型（粪便）、数量（粪便份数）、新旧（粪便的新鲜程度）、地形（如峡谷底部、山坡、山脊等）、是否在刨坑上等。

②采集样品：戴上一次性手套，取顶端一截约 5mL 体积的粪便（必须包含粪便表面，可以借助附近的石头或树枝），装入盛有无水乙醇的离心管。丢掉用过的手套以及石头 / 树枝，用封口膜严密封口。

采样结束后，核对调查记录中的样品列表，确认样品的编号和数量均与记录一致。将采集到的样品竖直排列在离心管架上，装进自封袋，自封袋上记录采样日期和"STEP1"。

采样结束后次日，戴上一次性手套，将装有样品的离心管的酒精小心倒出，避免碰到其他样品。取事先准备好的装有 30mL 硅胶颗粒，并且上面隔一层滤纸的离心管一支，将样品放入，丢掉手套。用记号笔在离心管管盖、管壁写上对应信息，装进大封口袋，封口，记录采样日期和"STEP2"，如有条件最好 4℃保存。

◎ 参考文献

DEEM S L, KARESH W B, 2000. The jaguar health program manual[M/OL]. Field Veterinary Program. Wildlife Conservation Society. [2019-04-25]. http://www. panthera. org/node/415, 2001.

OYLER-MCCANCE S J, FEDY B C, LANDGUTH E L, 2013. Sample design effects in landscape genetics[J]. Conservation genetics, 14(2): 275-285.

POMPANON F, DEAGLE B E, SYMONDSON W O C, et al, 2012. Who

is eating what: diet assessment using next generation sequencing[J]. Molecular ecology, 21(8): 1931-1950.

SHEHZAD W, MCCARTHY T M, POMPANON F, et al, 2012. Prey preference of snow leopard (*Panthera uncia*) in South Gobi, Mongolia[J]. PLoS ONE, 7(2): e32104.

附
录

附录三　雪豹猎物调查方法[1]

　　一个健康的野生猎物种群对于顶级捕食者的保护至关重要，雪豹的主要野生猎物为中亚的各种山地有蹄类，以家羊的近亲西伯利亚北山羊（*Capra sibirica*）、岩羊（*Pseudois nayaur*）、捻角山羊（*Capra falconeri*）和喜马拉雅塔尔羊（*Hemitragus jemlahicus*）为主（Oli et al.，1993；Ale，2007；Anwar et al.，2011；Shehzad et al.，2012；Wegge et al.，2012；Lovari et al.，2009）（详见第一章相应部分）。对这些山地有蹄类动物的数量估计和动态监测是雪豹保护中不可缺少的一环。当我们进入一块雪豹分布区，首先希望评估的除了雪豹本身的分布、数量等，往往还有雪豹的野生猎物种群是否健康且具有持续性。因为这才从长远上决定了雪豹种群的可持续性。

　　雪豹猎物的调查同样可以分为两类：相对密度调查和绝对密度调查，视调查目的而定。相对密度可以是痕迹密度，也可以是根据红外相机的捕获率。但是由于我们在野外布设红外相机时，往往都是以最大化雪豹的探测率为优先目的，因此同时得到的猎物相对密度可能存在很大的低估。此外红外相机里拍摄到的猎物很难区分个体，而同一只个体的反复拍摄与不同个体的拍摄对于密度

① 根据北京大学自然保护与社会发展研究中心及山水自然保护中心联合编写的《雪豹调查技术手册》整理。

的贡献是完全不同的，这也是简单利用红外相机捕获率作为相对密度的短板。但由于有蹄类数量众多、行踪也不隐蔽，直接通过计数来调查绝对密度可能是更直接也更可靠的方法。

尽管有蹄类计数技术已经有了长足的发展，但由于山地地形的特殊性，使得山地有蹄类计数至今仍是一个难题。而雪豹所在的中亚山地，更是由于偏远难达的位置、高海拔、恶劣的气候和经济水平的限制，有蹄类计数不仅受限于地形因素，还要受限于人力、物力、后勤和预算等各种因素，这些都使得雪豹保护的科学基础长期难以建立（Singh et al.，2011）。比如在发达国家，空中调查被广泛应用于有蹄类监测中，然而中亚山地的偏远位置、昂贵的费用、高海拔地区的稀薄空气和恶劣气候使得飞行器的使用在这里只有屈指可数的几次尝试（Reading et al.，1997）。汽车调查只能沿着公路，而很多地方是无法通车的。步行调查需要高强度的调查努力，但缺氧高寒的环境也给高强度步行调查平添难度。使用项圈、耳标或 DNA 进行的标记重捕法在发达国家也常常使用，在这里由于预算的限制也仅限于几个研究中（Harris et al.，2010；Wingard et al.，2011）。

能够估算探测率，以此校正所得的种群数量，并能给出置信区间的绝对密度估计法，优于未经校正的直接计数法，这是目前的共识（Anderson，2001；White，2005）。然而至今为止多数山地有蹄类的研究依然依靠全部计数法（total counts）（Magomdeov et al.，2003；Mishra et al.，2004；Bagchi et al.，2006；Lovari et al.，2009；Suryawanshi et al.，2012）。此法在小范围内固然可行，但一方面山区地形的复杂崎岖很难说是真正的"全部"计数，这些未经校正的结果难以保证其对种群数量估计的客观准确性；另一方面，全部计数法得出的结果没有置信区间，在时间上与空间上都无法比较，难以符合长期监测种群动态的要求（Yoccoz et al.，2001）。综上，我们需要不太昂贵、现实可行，但是可靠、可重复、具有置信区间和可比性的方法来监测雪豹栖息地里的有蹄类。在这方面已经有人做出了一些尝试（Wingard et al., 2011；Suryawanshi et al.，2012）。Wingard 等所用的两种方法，一是借助已有的无线电项圈进行标记重捕；二是依靠当地平缓的地势进行系统布设的距离样线法，这两个先决条件在其他广大地区都不可重复。Suryawanshi 等的双观察者法是基于 Forsyth 和 Hickling 在新西兰山区计数外来种喜马拉雅塔尔羊的方法（Forsyth et al.，1997）改进而成，相对现实，也不昂贵，只是在实践中需要谨慎选择两个观察者的调查时间间隔，力图满足闭合种群假设。

　　包含不完全探测率的种群绝对密度估计法除了基于标记重捕原理的双观察者法、无线电项圈法和 DNA 标记重捕法，距离样线法（Buckland et al.，2015）也是发展迅速且被广泛采用的一类统计学方法。此法对探测率的估计基于距离与探测率的非线性关系，由于不需要标记个体且单人单次的调查就可以完成，相比其他绝对密度估计法，它有很大的优势。加上专门开发的 DISTANCE 软件（Thomas et al.，2010）功能强大，包含了各种情景所需的模型，故被越来越多的人用于陆地、海洋、天空各种物种类群的调查。然而距离样线法刚开始是被设计用于相对平坦的地势中的，在山地的应用发展缓慢，因为崎岖的地形阻碍了系统或随机的直线样线布设，而这些往往是距离样线法的首要前提；至于在山地调查时，沿着山脊或山谷走样线，才是最符合实际的调查方法。

◎ 两种调查方法介绍

　　首先将整个调查目标区域用 ArcMap（Version 10.0，ESRI）工具插件 Watershed Delineation Tools 以及空间分辨率为 30m 的 ASTER 全球数字高程模型（ASTER Global Digital Elevation Model，ASTER-GDEM）图层，根据地形划分为 12 个 20 ~ 30km^2 的小流域。岩羊调查建议在冬天进行。

1. 双观察者法

可以全部调查，也可以从所有小流域中随机抽取部分，进行岩羊调查，再用所得密度计算整个区域的岩羊总数。由两组（位）调查者选取一定的时间间隔（30min）分前后进入取样区域，观察岩羊数量并进行记录。在山较矮、山谷较狭窄，岩羊容易受惊扰的地方，可以考虑将两组调查者的间隔时间缩短为15min（原方法的建议是30min），行进过程中保证后一组看不到前一组。调查结束后，两组通过记录岩羊位置和种群结构特征的对比，讨论得出哪些群体是两组都看到的，哪些群体是只有一组看到的，记录如表 A。

2. 距离样线法

可以全部调查，也可以随机抽取部分小流域，沿山谷走样线并用手持 GPS 自动记录行走轨迹，沿途见到岩羊群体时，调查者用手持 GPS 标记自己所在

表 A 岩羊调查表格

调查者 _____ 日期 _____ 小流域编号 _____ 样线起点 GPS_____ 样线终点 GPS_____

样线编号	GPS	总数	距离	方向	性别 & 年龄组成					时间	观察者	
					成年雌性	幼体	亚成年	成年雄性	未区分		a	b

位置，用双筒望远镜数清岩羊数目，用罗盘记录下岩羊群的中心点相对于自己的方位角，用激光测距仪（没有的话可以利用 1 ： 10 万地形图和手持 GPS 估计距离）记录岩羊群的中心点相对于自己的距离。由于岩羊的聚群是社交性的，除了母幼对是稳定社会单元以外，一群岩羊往往可分可合，因此对于一群的定义可以有多种标准。由于超大群会给距离样线法结果引入过大的方差，故建议对一群的定义是，相距不超过 100m 且移动方向一致的算作一群。记录如表 A。

对可能违反的距离样线法两个前提假设的讨论

假设一：样线相对于调查物种来说，是随机或客观分布的。

这里包含两层意思：① 样线对于物种分布区域的各栖息地类型来说，是有代表性的；② 样线对于物种没有排斥或吸引作用。

① 样线本身分布是否对区域内各栖息地类型具有代表性或客观性，这点我们分两层来解决。在区域层面上，我们将每个研究区域根据地形划分为 20 ～ 30km^2 的小流域并作为取样单元，在小流域中我们进行随机抽样，以满足整个研究区域的客观性。在小流域内部层面上，以山谷样线为例，我们利用 ArcMap（Version 10.0，ESRI）工具 Viewshed 以及空间分辨率为 30m 的 ASTER 全球数字高程模型（ASTER Global Digital Elevation Model，ASTER-GDEM）图层，挑选了地形较有代表性的两个研究区域：地势相对平缓、高差不大的牙曲村二队，和地势陡峭、以深切峡谷为主的云塔村三社。将所有小流域中山谷样线的视域范围计算出来。

这两个区域尽管地形特征大不相同，但山谷样线的视线覆盖范围分别达到了整个区域范围的 90%（牙曲）和 86%（云塔）。美国国家公园的距离样线法调查有蹄类，都是沿着公园内道路调查，所要求标准为调查覆盖范围达到公园面积的 10%（Bates，2006），相比之下，我们的覆盖范围已经远远超过 10%。视域覆盖遗漏整个区域的 10% ~ 14%，加之如果选择冬季调查，山顶都被积雪覆盖，并不会给结果带来太大偏差。

② 样线对于物种可能有吸引或排斥作用。这对于山谷来说，可能表现在因为水源和特殊植物对岩羊的吸引，或是因为牧民干扰对岩羊的排斥。但是 DISTANCE 软件（Thomas et al.，2010）本身具有应对方案，即通过后期分析时的左截断或者扩大第一个距离区间来解决（Tomás et al.，2001），且有研究证明后者能够得到更好的模型拟合效果，因此这个问题在 DISTANCE 软件的可解决范围内（Ward et al.，2004；McShea et al.，2011）。

假设二：样线为直线。

虽然一般来说距离样线法是要求直线样线的，曲线样线被认为是不好的取样设计（Buckland et al.，2015）。但是在现有全球定位系统（GPS）和地理信息系统（GIS）的帮助下，只要能做到正确记录所走曲线的轨迹，并利用 ArcMap（Version 10.0，ESRI）工具 Near 计算出动物到曲线的最近距离，曲线样线对结果的影响并不大（Hiby et al.，2001）。Hiby 和 Krishna 利用模型说明，当曲线的曲率过大时可能会导致其附近的点到曲线的最近距离小于实际的垂直距离，从而压缩了探测率曲线导致密度的低估，而一般自然存在的小径、山谷并不会有太多急转弯，所以这并不是个大问题。

因此，在考虑视线覆盖范围之后，结合当地地形，可以在将调查地区分成小流域后，选择并不是平行直线的山谷或山脊样线，山太高的地方还可以结合山坡上的等高线，样线中没有太多急转弯，这样的调查并不会违反距离样线法的前提假设。我们在野外的实验结果表明，距离样线法和 Suryawanshi 等的双观察者法计算所得的岩羊密度非常接近，但 Suryawanshi 等的双观察者法精度更高。而传统的两人同行、不分先后出发的双观察者法（Forsyth et al.，1997）则对岩羊的密度有一定的低估。

◎ 参考文献

ALE S B, 2007. Ecology of the snow leopard and the *Himalayan tahr* in Sagarmatha (Mt. Everest) National Park, Nepal[D]. Chicago: University of Illinois at Chicago.

ANDERSON D R, 2001. The need to get the basics right in wildlife field studies[J]. Wildlife society bulletin (1973—2006), 29(4): 1294-1297.

ANDERSON D R, BURNHAM K P, LAAKE J L, 1993. Distance sampling: estimating abundance of biological populations[M]. London：Chapman &Hall.

ANWAR M B, JACKSON R, NADEEM M S, et al, 2011. Food habits of the snow leopard *Panthera uncia* (Schreber, 1775) in Baltistan, northern Pakistan[J]. European journal of wildlife research, 57(5): 1077-1083.

BAGCHI S, MISHRA C, 2006. Living with large carnivores: predation on livestock by the snow leopard (*Uncia uncia*)[J]. Journal of zoology, 268(3): 217-224.

BATES S, 2006. White-tailed deer density monitoring protocol version 1.1: distance and pellet-group surveys[J]. Washington D C：National Park Service.

BUCKLAND S T, REXSTAD E A, MARQUES T A, et al, 2015. Distance sampling: methods and applications (M). New York: Springer.

FORSYTH D M, HICKLING G J, 1997. An improved technique for indexing abundance of Himalayan thar[J]. New Zealand journal of ecology, 21(1): 97-101.

HARRIS R B, WINNIE JR J, AMISH S J, et al, 2010. Argali abundance in the Afghan Pamir using capture-recapture modeling from fecal DNA[J]. The journal of wildlife management, 74(4): 668-677.

HIBY L, KRISHNA M B, 2001.Line transect sampling from a curving path[J]. Biometrics, 57(3): 727-731.

LOVARI S, BOESI R, MINDER I, et al, 2009. Restoring a keystone predator may endanger a prey species in a human-altered ecosystem: the return of the snow leopard to Sagarmatha National Park[J]. Animal conservation, 12(6): 559-570.

MAGOMEDOV M R D, AKHMEDOV E G, SUBBOTIN A E. 2003. Current status and population structure of argalis (*Ovis ammo*n L., 1758) in central Asia[J]. Beitrage zur Jagd-und Wild Forschung, 28：151-163.

MCSHEA W J, STEWART C M, KEARNS L, et al, 2011. Road bias for deer density estimates at 2 national parks in Maryland[J]. Wildlife society bulletin, 35(3): 177-184.

MISHRA C, VAN WIEREN S E, KETNER P, et al, 2004. Competition between domestic livestock and wild bharal Pseudois nayaur in the Indian Trans‐Himalaya[J]. Journal of applied ecology, 41(2): 344-354.

OLI M K, TAYLOR I R, ROGERS D M E, 1993. Diet of the snow leopard (*Panthera uncia*) in the Annapurna Conservation Area, Nepal[J]. Journal of zoology, 231(3): 365-370.

READING R P, AMGALANBAATAR S, MIX H, et al, 1997. Argali Ovis ammon surveys in Mongolia's south Gobi[J]. Oryx, 31(4): 285-294.

SHEHZAD W, MCCARTHY T M, POMPANON F, et al, 2012. Prey preference of snow leopard (*Panthera uncia*) in South Gobi, Mongolia[J]. PLoS ONE, 7(2): e32104.

SINGH N J, MILNER-GULLAND E J, 2011. Monitoring ungulates in central Asia: current constraints and future potential[J]. Oryx, 45(1): 38-49.

SURYAWANSHI K R, BHATNAGAR Y V, MISHRA C, 2012. Standardizing the double-observer survey method for estimating mountain ungulate prey of the endangered snow leopard[J]. Oecologia, 169(3): 581-590.

THOMAS L, BUCKLAND S T, REXSTAD E A, et al, 2010. Distance software: design and analysis of distance sampling surveys for estimating population size[J]. Journal of applied ecology, 47(1): 5-14.

TOMÁS W M, MCSHEA W, DE MIRANDA G H B, et al, 2001. A survey of a pampas deer, Ozotoceros bezoarticus leucogaster (Arctiodactyla, Cervidae), population in the Pantanal wetland, Brazil, using the distance sampling technique[J]. Animal biodiversity and conservation, 24(1): 101-106.

WARD A I, WHITE P C L, CRITCHLEY C H, 2004. Roe deer *Capreolus capreolus* behaviour affects density estimates from distance sampling surveys[J]. Mammal review, 34(4): 315-319.

WEGGE P, SHRESTHA R, FLAGSTAD Ø, 2012. Snow leopard *Panthera uncia* predation on livestock and wild prey in a mountain valley in northern Nepal: implications for conservation management[J]. Wildlife biology, 18(2): 131-142.

WHITE G C, 2005. Correcting wildlife counts using detection probabilities[J]. Wildlife research, 32(3): 211-216.

WINGARD G J, HARRIS R B, AMGALANBAATAR S, et al, 2011. Estimating abundance of mountain ungulates incorporating imperfect detection: argali *Ovis ammon* in the Gobi Desert, Mongolia[J]. Wildlife biology, 17(1): 93-102.

YOCCOZ N G, NICHOLS J D, BOULINIER T, 2001. Monitoring of biological diversity in space and time[J]. Trends in ecology & evolution, 16(8): 446-453.

附录四 国际雪豹保护深圳共识

我们，雪豹分布国家代表，于 2018 年 9 月 3 日至 7 日齐聚中国深圳，共同探讨研究和保护雪豹及其栖息地的有效策略。雪豹，作为各分布国家共同的自然和文化遗产象征，位于高山生态系统食物链顶端。保护雪豹及其栖息地对维持生物多样性、维护高山生态系统健康以及提高人类福祉具有重要的意义。当前，雪豹赖以生存的脆弱生态系统面临着气候变化、栖息地退化和生物多样性减少所带来的挑战。因此，我们仍需继续加强对雪豹及其栖息地的保护力度。

自 2013 年《比什凯克宣言》签署和《全球雪豹及其生态系统保护计划》启动以来，12 个雪豹分布国依法打击雪豹盗猎和非法贸易，采取了建立保护地，积极投入资金和技术来支持雪豹景观地研究和保护管理活动等相关措施。在《全球雪豹及其生态系统保护计划》框架下，我们已经成功举办了多次国际性大会，组织研讨会、培训和能力拓展活动，汇聚国际社会的力量，推动全球雪豹保护事业的进展。

自《比什凯克宣言》实施以来，我们为雪豹保护做出了诸多努力，并取得了一系列进展，但此领域仍有一些问题有待解决，因此，我们致力于：

1. 推动高山生态系统人与自然和谐发展；

2. 协调来自全世界的研究人员和保护工作者的沟通和交流，促进双边和多边合作及区域项目包括全球雪豹种群数量评估的合作实施；

3. 设计并实施能力建设项目，促进一线工作人员和其他相关方的能力提升；

4. 加深对雪豹和其他野生动物相关的盗猎及非法贸易的认识；

5. 拓展筹资渠道，实现雪豹保护项目资金的可持续性；

6. 充分研发和应用无人机、人工智能、遥感和遗传学方法等高新技术，提升信息质量和知识水平，有效促进政策制定；

7. 支持基于社区的保护项目的开展，为社区和高山生态系统的可持续发展创造互利共赢的良好局面。

在此，我们表达对中国举办本次国际雪豹保护大会的诚挚谢意！

致谢

本书基于《中国雪豹调查与保护报告2018》完善完成，其之得以付梓，首先归功于过去多年来众多组织、机构与个人在雪豹研究和保护议题上卓有成效的行动；而这些行动的背后，是众多关注雪豹研究和保护的政府、基金会以及企业长期持续的支持。在此，我们真诚地感谢他们为雪豹所做出的贡献和努力（虽然形式有些奇怪，我们还是决定用一个表格来呈现我们的致谢对象）。

我们感谢国家林业和草原局以及各级主管部门对雪豹保护的投入和支持，这是中国雪豹得到保护的重要基础。感谢北京林业大学时坤教授拨冗审阅我们的文本，并提出宝贵意见。感谢北京大学出版社黄炜编辑的辛勤付出，是她的不断努力使得此书从构想变为现实。我们感谢李娟、韩雪松、唐元祎、陈宇秀、魏兰君、郭求达、柴懿庭、李墨子、李沛芸、刘馨浓、符悦在内容准备过程中做出的贡献。

表1　参与编写机构及致谢单位

参与编写机构	致谢单位
中国科学院西北高原生物研究所、中国科学院三江源国家公园研究院、三江源雪豹研究中心	三江源国家公园管理局、三江源国家公园曲麻莱管理处措池村、措池村社区共管委员会、四川省绿色江河环境保护促进会、生态环境部南京环境科学研究所
中国林业科学研究院森林生态环境与保护研究所	青海祁连山自然保护区、新疆罗布泊野骆驼国家级自然保护区
北京大学野生动物生态与保护研究组	四川省林业和草原局、四川卧龙国家级自然保护区、四川鞍子河自然保护区、四川黑水河自然保护区、四川四姑娘山国家级自然保护区、四川格西沟国家级自然保护区、甘孜州雅江县环境保护和林业局、绵阳师范学院
青海省治多县索加乡人民政府（通天雪豹团）	治多县委宣传部、索加乡人民政府、三江源国家公园长江源园区管委会治多管理处、青海省林业和草原局项目办公室、山水自然保护中心
乌鲁木齐沙区荒野公学自然保护科普中心（荒野新疆）	乌鲁木齐县人民政府、新疆天山东部国有林管理局、新疆阿尔泰山国有林管理局、阿尔泰山两河源自然保护区管理局、萨尔达坂乡、乌鲁木齐市达坂城区林业园林管理局、阿拉善SEE基金会、新疆青少年发展基金会、桃花源基金会、世界自然基金会（WWF）、福特汽车公司（福特汽车环保奖）、山水自然保护中心、中国猫科动物保护联盟（CFCA）、北京华彩光影传媒文化有限责任公司（末那工作室）、重庆天翔瑞商贸有限公司（道一山房）、新疆天地玄黄文化传媒有限公司（老虎映像）、上海江汗格文化投资发展有限公司（《我从新疆来》剧组）、新疆恒品艺镇商贸有限公司（班的书屋）、重庆卜乍影业有限公司、乌鲁木齐市天山区光明路时代广场格物家居用品店、新疆魔力矩阵艺术设计有限公司、空想造物（杭州）文化创意有限公司、乌鲁木齐一号立井文化传播有限公司、人民邮电出版社、北京砾石益动科技有限公司（MAX户外）、新疆凯途高山户外运动有限责任公司、千岛湖逐浪者皮划艇俱乐部、北京自酿啤酒协会、《森林与人类》杂志、广州博冠光电科技股份有限公司、上海安迪维特旅游用品有限公司、北京鼎星科技有限公司、广州希脉创新科技有限公司（奈特科尔）、浙江氮氧家居有限公司（NONOO潮杯）、宁波驯鹿人户外运动用品有限公司（萨米时光）、上海禾沛贸易有限公司（赛乐ZEALWOOD）、中国惠普有限公司（惠普Indigo数字印刷技术）

参与编写机构	致谢单位
野生动物保护学会（WCS）	西藏自治区林业和草原局、西藏那曲市林业和草原局、西藏那曲市申扎县、双湖县、尼玛县林业局、大猫基金会、布莱蒙基金会、碧生源控股有限公司、北京绿色阳光基金会、中国绿色碳汇基金会、北京伊迪共通传媒广告有限公司
世界自然基金会（WWF）	甘肃省林业和草原局、甘肃盐池湾国家级自然保护区、甘肃祁连山国家级自然保护区、甘肃阿克塞县林业生态办公室、新疆维吾尔自治区林业和草原局、新疆天山东部国有林管理局、新疆卡拉麦里山有蹄类自然保护区管理中心、新疆阿尔泰山两河源自然保护区管理局、青海省林业和草原局、青海三江源国家公园管理局、兰州大学、天水师范学院、北京市海淀区陆桥生态中心、青海原上草自然保护中心、乌鲁木齐沙区荒野公学自然保护科普中心（荒野新疆）、华特迪士尼（中国）有限公司、上海尚世影业有限公司、上海传美实业有限公司（三草两木）
青海省原上草自然保护中心	果洛藏族自治州林业和草原局、阿尼玛卿自然保护区、玛沁环保协会、阿尼玛卿牧民生态保护协会、青海省林业和草原局野生动植物和自然保护区管理局
四川省绿色江河环境保护促进会	青海省玉树藏族自治州人民政府、青海省海西州格尔木市人民政府、曲麻莱县曲麻河乡人民政府、唐古拉山镇人民政府、措池村社区共管委员会、努日巴村委会、三江源国家公园管理局、三江源国家公园曲麻莱管理处措池村、中国科学院西北高原生物研究所、中华环境保护基金会、阿拉善SEE基金会、深圳市爱佑未来慈善基金会、青海省三江源生态环境保护协会、赛富家庭、英利能源（中国）有限公司、成都市捷威思系统集成有限公司、锋泾（中国）建材集团有限公司、上海浩泽净水科技发展有限公司、深圳市缔佳视频实业有限公司
中国猫科动物保护联盟（CFCA）	山水自然保护中心、四川省林业和草原局、四川省新龙县林业和草原局、四川省石渠县农林和科技局、北京巧女公益基金会
四川卧龙国家级自然保护区	四川省林业和草原局、北京大学生命科学学院

参与编写机构	致谢单位
四川贡嘎山国家级自然保护区	四川大学生命科学学院、北京大学自然保护与社会发展研究中心、山水自然保护中心
北京大学自然保护与社会发展研究中心、山水自然保护中心	阿拉善 SEE 基金会、三江源国家公园管理局、青海省法制办公室、青海省林业和草原局、青海省生态环境厅、玉树州人民政府、玉树藏族自治州林业和草原局、杂多县人民政府、称多县人民政府、囊谦县人民政府、曲麻莱县人民政府、治多县人民政府、玉树市林业和草原局、西藏丁青县人民政府、中国绿化基金会、华泰证券股份有限公司、一汽丰田汽车销售有限公司、汇丰银行（中国）有限公司、法国驻华使馆、宝马（中国）汽车贸易有限公司、大猫基金会、国际雪豹基金会、上海安迪维特旅游用品有限公司、广州博冠光电科技股份有限公司、膳魔师（中国）家庭制品有限公司上海分公司、爱丁顿洋酒（上海）有限公司、联合国开发计划署 / 全球环境基金小额赠款计划、三江源生态环境保护协会、年保玉则生态环境保护协会、全球环境研究所、青海省雪境生态宣传教育与研究中心

编写组

2019 年 5 月 20 日